AF453060

ÉLÉMENTS

D'HISTOIRE NATURELLE

GÉOLOGIE

Tout exemplaire qui ne sera pas revêtu des trois signatures
ci-dessous sera réputé contrefait.

Les Éditeurs,

Le Cours de Mathématiques élémentaires comprend les ouvrages
suivants :

Éléments d'Arithmétique.

» d'Algèbre.

» de Géométrie.

» de Géométrie descriptive.

» de Trigonométrie.

» de Mécanique.

» de Cosmographie.

Exercices d'Arithmétique.

» d'Algèbre.

» de Géométrie.

» de Géométrie descriptive.

Compléments de Trigonométrie.

Problèmes de Mécanique.

— —

Arpentage, Levé des plans et Nivellement.

Sciences physiques et naturelles : *Notions de Physique. — Notions
d'Histoire naturelle. — Notions de Chimie. — Éléments d'Histoire
naturelle : Zoologie, Botanique, Géologie.*

Propriété de l'Institut des Frères des Écoles chrétiennes.

SCIENCES PHYSIQUES ET NATURELLES

ELÉMENTS
D'HISTOIRE NATURELLE

GÉOLOGIE

AVEC 165 FIGURES DANS LE TEXTE

PAR F. J.

CHEZ LES ÉDITEURS

TOURS	PARIS
ALFRED MAME & FILS	POUSSIELGUE FRÈRES
IMPRIMEURS-LIBRAIRES	CH. POUSSIELGUE, SUCCESSEUR
Rue de l'Intendance	Rue Cassette, 15

1891

GÉOLOGIE

PRÉLIMINAIRES

1. Définition. — Les sciences géologiques, ou l'étude du règne minéral, comprennent : la *Géologie* proprement dite, la *Minéralogie* et la *Paléontologie*.

2. Géologie. — La *Géologie* est l'étude de la structure du globe terrestre ; elle s'occupe de l'origine de la terre, du mode de formation des masses minérales, de leur superposition et de leur âge relatif.

3. Minéralogie. — La *Minéralogie* étudie les espèces minérales qui constituent les roches ; elle fait connaître leurs caractères, leur composition chimique, leurs gisements et leurs usages.

4. Paléontologie. — La *Paléontologie* est l'étude des fossiles, c'est-à-dire des animaux et des plantes dont on retrouve les débris ou les traces dans les couches terrestres.

5. Historique. — Les anciens n'eurent que des connaissances très imparfaites en Géologie ; leurs écrits renferment quelques vérités mêlées aux plus grossières erreurs. A l'époque de la Renaissance, Bernard Palissy fit connaître la véritable nature des *fossiles*. Les savants du xvii° et du xviii° siècle, Sténon, Leibnitz, Buffon, Werner, attribuèrent à l'eau la formation et les modifications de l'écorce terrestre, et reçurent le nom de

Neptuniens. Les *Plutoniens*, au contraire, prétendirent tout expliquer par le feu.

Le XIX° siècle devait donner les véritables créateurs de la Géologie. L'importance des *fossiles*, méconnue jusqu'alors, fut révélée par l'immortel Cuvier, qui, dans ses *Recherches sur les Ossements fossiles*, fit revivre une foule d'êtres complètement ignorés. Brongniart publia sur les plantes fossiles des recherches semblables à celles de Cuvier sur les animaux. Élie de Beaumont expliqua la formation des montagnes et leur âge relatif dans une théorie brillante qui rencontre aujourd'hui quelques contradicteurs.

La plupart des géologues de la première partie de ce siècle admettaient l'hypothèse des *Révolutions*, ou bouleversements brusques et violents, qui auraient, à diverses époques, anéanti les espèces existantes, et transformé la surface du globe.

A cette théorie, les savants contemporains préfèrent généralement celle des *Causes actuelles*, par laquelle ils prétendent expliquer tous les changements survenus sur la terre depuis sa création. Il est probable néanmoins que les phénomènes anciens ont dû se manifester avec plus d'énergie et de puissance que ceux de nos jours.

6. Utilité de la Géologie. — Les études géologiques, qui sont le complément de toutes les sciences physiques et naturelles, sont elles-mêmes de la plus grande utilité. L'exploitation des mines leur demande un constant appui; la recherche des sources, la perforation des puits artésiens, des tunnels, sont confiées aux géologues; l'agriculture sérieuse a besoin de leurs conseils pour étudier le sol arable et les argiles ou les sables nécessaires pour l'amender. L'historien et le philosophe reconnaissent l'influence de la configuration et de la nature géologique d'un pays sur le caractère, l'industrie et l'architecture des peuples qui l'habitent. L'homme religieux admire la puissance et la bonté de Dieu, qui avait créé et embelli la terre pour l'homme, et tout préparé, comme dit l'Écriture, avec nombre, poids et mesure.

7. Nature planétaire de la Terre. — La Terre est une planète de moyenne grandeur, appartenant au système solaire;

elle ne possède qu'un seul satellite, la Lune. Notre planète a deux mouvements, l'un *annuel*, autour du Soleil; l'autre *diurne*, sur elle-même.

Sa forme est celle d'un sphéroïde aplati vers les pôles et renflé à l'équateur; cette particularité semble prouver sa fluidité originelle. La surface de la Terre est très variée; on y trouve des plaines, des vallées, des plateaux, des collines, des montagnes.

On peut considérer trois parties dans le globe terrestre : l'atmosphère, les terres et les mers.

1° L'*atmosphère* est une enveloppe gazeuse d'environ vingt lieues d'épaisseur, qui recouvre la terre de toutes parts. L'air qui la constitue est formé d'un mélange de 21 parties d'oxygène, de 79 parties d'azote et de quelques millièmes d'acide carbonique et de vapeur d'eau.

2° Les *terres* proprement dites, ou partie solide, occupent environ le $^1/_3$ du sphéroïde.

3° Les *mers* recouvrent environ les $^2/_3$ de la surface du globe; leur profondeur moyenne est de 350 mètres, d'après M. de Humboldt; elle serait représentée par l'épaisseur d'une couche de vernis sur un globe d'un mètre de diamètre.

Le fond des mers offre les mêmes aspects que la surface émergée du sol. Le niveau des eaux de la mer sert de point de départ pour mesurer les altitudes.

8. Température de la Terre. — Le globe possède deux températures : l'une, qui lui est propre, augmente à mesure que l'on descend dans son sein; l'autre, extérieure, très variable, provient du Soleil. Les principales causes qui peuvent faire varier cette température sont : les saisons, les latitudes, l'altitude, le voisinage des montagnes, les plaines, la mer, etc.

9. Matériaux terrestres. — La Terre est formée par les roches et les eaux. On appelle *roches*, les matériaux constituant l'écorce solide du globe. Les roches sont divisées en deux classes : les *roches stratifiées* et les *roches non stratifiées*.

Les *roches stratifiées* sont disposées en couches parallèles, et paraissent généralement s'être déposées au sein des eaux.

Les *roches non stratifiées* se présentent en masses plus ou moins fissurées, mais n'offrant jamais de couches parallèles; elles paraissent avoir été fluides à leur origine.

10. Division du Cours. — L'étude de la Géologie peut se diviser en trois parties principales :

1° L'étude des causes actuelles et de leurs effets.
2° L'examen sommaire de l'écorce terrestre.
3° La classification et la description des terrains.

PREMIÈRE PARTIE

PHÉNOMÈNES ACTUELS

La plupart des géologues de nos jours cherchent avec raison, dans l'étude des causes qui modifient actuellement la surface du globe, l'explication des phénomènes anciens qui ont donné à la terre sa configuration présente.

11. Causes actuelles. — Les agents qui modifient le globe sont *extérieurs* ou *intérieurs*.

Les principaux *agents extérieurs* sont : l'air, les vents, les variations de température, et l'eau sous ses différents états.

Les *agents intérieurs* comprennent : les tremblements de terre et les volcans, qui semblent avoir pour cause une chaleur centrale.

L'action des agents extérieurs actuels a pour résultat un nivellement plus ou moins rapide de la surface du globe; les agents intérieurs manifestent leur existence par des soulèvements du sol, des affaissements, des bouleversements des couches terrestres. L'action combinée de ces deux puissances a donné à la Terre sa forme actuelle.

Iʳᵉ SECTION

AGENTS EXTÉRIEURS

CHAPITRE I

AGENTS ATMOSPHÉRIQUES

12. Air. — L'air peut agir mécaniquement ou chimiquement; il agit chimiquement en oxydant certains éléments des roches, transformant les feldspaths en argiles, les sulfures en sulfates;

son action mécanique se manifeste surtout par les vents, qui peuvent transporter les matériaux terrestres à de grandes distances.

13. Vents. — Les vents changent à chaque instant l'aspect du désert de Sahara, en bouleversant les sables fins qui le recouvrent; cette poussière est quelquefois transportée à plus de 1 000 kilomètres en pleine mer; les cendres du Vésuve sont tombées jusqu'en Grèce, et celles des volcans de l'Islande ont été recueillies sur les côtes de la Norvège en 1875.

14. Dunes. — L'un des effets les plus remarquables du vent est la formation des *dunes.* On donne ce nom à de petites collines de sable produites par le vent sur les côtes plates de certaines mers, et qui peuvent atteindre jusqu'à 80 ou 100 mètres de hauteur. Les dunes ont un mouvement qui les pousse du rivage dans l'intérieur des terres, mais leur marche est très irrégulière; elle varie depuis 1 à 2 mètres par an, jusqu'à 300 ou 400 mètres sur le littoral de la Bretagne (fig. 1). On trouve près de Saint-Paul-de-Léon des dunes qui ont parcouru 24 kilomètres en 50 ans, environ 500 mètres par an; mais ces vitesses sont exceptionnelles.

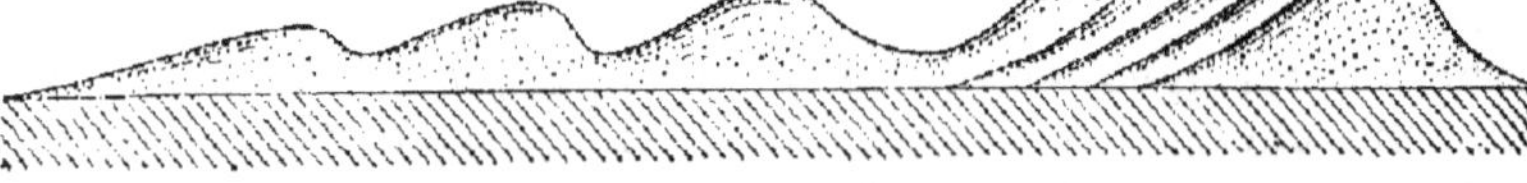

Fig. 1. — Coupe théorique de la marche des dunes.

Les dunes peuvent quelquefois détourner le cours d'un fleuve; c'est ainsi que l'Adour se jette aujourd'hui à plus de 20 kilomètres au sud de son ancienne embouchure; de même l'Oxus, qui se jetait autrefois dans la mer Caspienne, verse aujourd'hui ses eaux dans la mer d'Aral. Elles peuvent transformer des golfes en lacs ou en lagunes; tels sont les étangs de Cazau et de Biscarosse au sud d'Arcachon, que les dunes ont séparés de la mer.

On arrête aujourd'hui les progrès des dunes sur le littoral du golfe de Gascogne par la plantation du Pin maritime et du Chêne-liège, qui par leurs racines et les débris de leurs feuilles fixent la dune, et par leurs branches brisent la force et l'impétuosité du vent. Dans le Nord, on emploie à cet effet des plantes à racines traçantes, telles que le Carex des sables, le Roseau des sables, etc.

La fixation des dunes de Gascogne, due à l'ingénieur Brémontier, a transformé 100 000 hectares de sables en magnifiques forêts d'une valeur de plus de trente millions.

15. Variations de température. — Les effets de la chaleur et du froid se manifestent par des dilatations et des contractions qui désagrègent peu à peu les roches, les arrondissent et finissent par les détruire. Certaines roches poreuses s'imbibent d'eau pendant les pluies, et, lorsque le froid congèle cette eau, les éléments de la roche se brisent et tombent en fragments au moment du dégel. On donne à ces roches impropres pour les constructions le nom de *roches gélives*.

Fig. 2. — Colonnes de pierre formées par l'action des agents atmosphériques, près de Poligny.

16. Talus d'éboulements. — Tous ces agents de destruction, auxquels s'ajoute l'action des eaux, produisent les *rochers branlants*, les *pierres qui virent* et les *talus d'éboulements* qui s'accumulent au pied des abruptes (fig. 2).

CHAPITRE II

AGENTS AQUEUX SOLIDES

17. Neige. — Les vapeurs d'eau qui s'élèvent dans l'atmosphère, par l'action de la chaleur solaire, se condensent et retombent ordinairement en *pluie* sur les plaines, et souvent en *neige* sur les montagnes. Il pleut très rarement à 3 000 mètres d'altitude, et au-dessus de 3 600 mètres l'eau tombe toujours à l'état de neige. Les neiges s'accumulent sur les hauts sommets, et n'en disparaissent jamais entièrement; c'est ce qu'on appelle les *neiges perpétuelles*. La limite inférieure de ces neiges est très variable selon la latitude et la configuration du pays. Voici quelques-unes de ces limites :

Spitzberg	79°	0 mèt.	Pyrénées	29°	2 730 mèt.
Norvège.	70°	1 070 —	Himalaya	17°	5 300 —
Alpes	45°	2 700 —	Cordillères . . .	0°	4 500 —

18. Avalanches. — On donne le nom d'*avalanches* à des masses de neige qui se détachent, surtout au printemps, des flancs des montagnes, et roulent dans les vallées, qu'elles couvrent de débris arrachés sur leur parcours. Le moindre ébranlement suffit quelquefois pour déterminer leur chute. On lutte contre les avalanches en plantant verticalement dans le sol des pieux en bois ou en fer dans les lieux où les neiges peuvent glisser, et en reboisant le plus possible les vallées des montagnes.

19. Glaciers. — Les neiges qui tombent sur les hauts som-

Fig. 3. — Vue d'un glacier avec ses moraines latérales et médianes.

mets restent à l'état de poussière mobile et souvent remaniée par les vents; mais celles qui s'accumulent dans les vallées inférieures se transforment peu à peu en glaces et constituent des masses qui descendent quelquefois jusqu'à 1 500 mètres au-dessous des neiges perpétuelles ; ce sont les *glaciers* (fig. 3).

20. Causes des glaciers. — Les causes de la formation des glaciers sont assez nombreuses ; les principales sont : la grande quantité de neige qui tombe sur les montagnes (les Alpes se couvrent annuellement de 15 à 20 mètres de neige, qui peuvent donner plus de 2 mètres de glace) ; l'action des pluies d'été sur les neiges hivernales, ainsi que la condensation des vapeurs à la surface de ces neiges. La chaleur solaire qui fond les couches superficielles, et surtout la pression des couches supérieures sur les masses inférieures, agissent activement dans cette formation.

Sous l'action de toutes ces causes, les flocons de neige se transforment en grains brillants et arrondis qui ne tardent pas à se souder grossièrement pour former le *névé ;* des infiltrations d'eau consolident le névé et produisent bientôt une glace compacte à reflets bleuâtres, qui est caractéristique des glaciers.

21. Marche des glaciers. — Les glaciers ne sont pas immobiles, comme on pourrait le supposer ; ils ont un mouvement constant de haut en bas produit par leur propre poids, la pression des couches supérieures sur les couches inférieures, et surtout par la plasticité de la glace due au phénomène du *regel.* On donne le nom de *regel* à la propriété que possèdent des fragments de glace comprimés de se transformer en une masse capable de prendre toutes les formes possibles.

Les mouvements des glaciers ont été constatés par un grand nombre d'expériences, dont les plus connues sont celles d'Hugi de Soleure, d'Agassiz et de Desor. Le premier de ces savants fit construire en 1827, sur le glacier de l'Aar, une petite maisonnette en pierres ; trois ans plus tard, elle était 100 mètres plus bas ; en 1836, elle se trouvait à 715 mètres du point de départ ; et en 1840, elle avait parcouru 1 428 mètres. Sa marche avait donc été de 107 mètres en moyenne par an. Agassiz et Desor plantèrent sur le même glacier une ligne transversale de

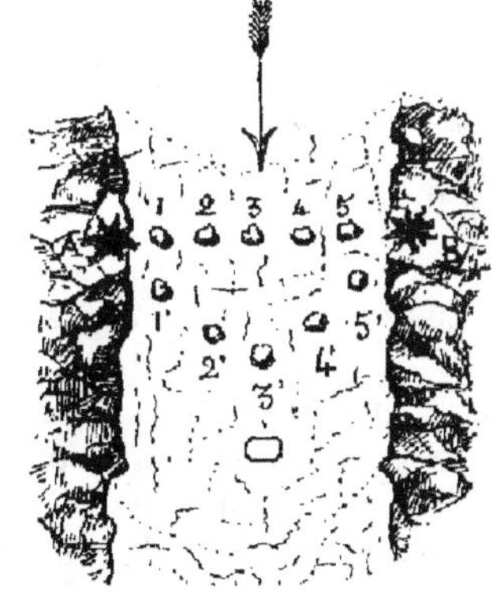

Fig. 4. — Marche d'un glacier.
(Expérience d'Agassiz et Desor.)

pieux de 1 350 mètres; un an plus tard, la ligne droite était devenue courbe; d'où ces savants conclurent que le mouvement du glacier était plus rapide au milieu que sur ses bords. Voici les chiffres qui expriment, en mètres, le mouvement de chaque pieu pendant un an : 5, 20, 48, 55, 62, 64, 67, 69, 70, 68, 64, 54, 47, 21, 11, 1 (Fig. 4).

La vitesse d'un glacier peut varier depuis 0 m. 025 jusqu'à 1 m. 25 par 24 heures. C'est ainsi que la mer de glace, près de Chamounix, se déplace en moyenne de 100 mètres par an, et quelques glaciers de la Suisse de 1 kilomètre dans le même temps. Le mouvement du glacier varie avec la température; il est plus grand en été qu'en hiver, plus rapide au milieu que sur les bords, et à la surface qu'au fond.

22. Effets des glaciers. — La surface du glacier est très inégale; on y voit des parties saillantes, et des crevasses profondes qui pénètrent quelquefois jusqu'au sol de la vallée (fig. 5).

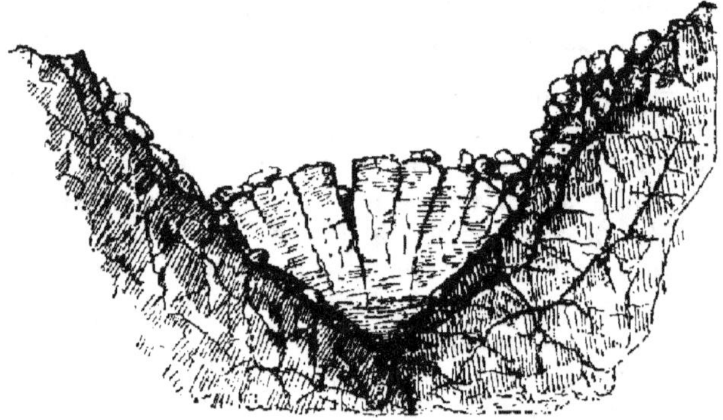

Fig. 5. — Coupe transversale d'un glacier montrant les crevasses et les blocs de rochers qui forment les moraines.

Les bords latéraux du glacier sont ordinairement couverts de masses pierreuses tombées des flancs des montagnes, c'est ce qu'on nomme les *moraines* latérales; lorsque deux glaciers se réunissent, ils ont en outre une *moraine médiane,* qui est parallèle aux moraines latérales. Dans son mouvement, le glacier entraîne tous ces débris, qu'il abandonne à sa partie antérieure; c'est ce qui constitue la *moraine frontale* (fig. 6). Lorsqu'un glacier diminue, il abandonne successivement des moraines parallèles, latérales ou frontales, qui sont des témoins de son passage.

On trouve au-dessous des glaces, des cailloux, des graviers

qui polissent et strient les roches sur lesquelles glisse le glacier ; tous ces débris, accumulés à l'extrémité inférieure du glacier, forment ce que l'on nomme la *boue glaciaire*, composée de cailloux striés ou rayés, de sables et de limons.

Fig. 6. — Moraines frontales abandonnées successivement par le glacier qui diminue.

Des blocs considérables, tombant sur un glacier, protègent contre le soleil les glaces qui les supportent; et, lorsqu'ils arrivent à l'extrémité du glacier, ils présentent le spectacle d'une masse rocheuse surmontant une colonne isolée de glace : ces blocs sont connus sous le nom de *Tables des glaciers* (fig. 7).

Fig. 7. — Table des glaciers.

Dans les régions polaires, les glaces descendent jusqu'à la mer; leurs extrémités se brisent et deviennent les *ice-bergs*, glaces flottantes d'eaux douces qui sont emportées par les courants. Il se forme aussi, le long des côtes des mers arctiques, des masses de glace d'eau salée qui s'accroissent peu à peu par leur partie inférieure, de manière à atteindre jusqu'à 200 ou 300 mètres d'épaisseur. Ces glaces, couvertes de pierres et de boues provenant des éboulements des côtes, se détachent au printemps, et transportent au loin les débris des régions polaires (fig. 8).

On trouve souvent, en avant des moraines frontales et au-dessus des moraines latérales actuelles, des blocs anguleux, énormes, et d'une nature différente de celle des roches voisines; ce sont les *blocs erratiques*, qui furent transportés par des glaciers plus puissants que ceux de nos jours : c'est ainsi qu'on rencontre sur les côtes du nord de l'Allemagne et a l'ouest de la Russie des blocs granitiques apportés des montagnes de la Suède à travers la Baltique.

Pendant les grandes chaleurs, les glaciers fondent en partie,

Fig. 8. — Glaciers polaires et ice-bergs.

et alimentent ainsi les rivières et les fleuves, dont ils sont les réservoirs. Ces eaux creusent sous le glacier, et surtout à sa partie antérieure, une voûte plus ou moins grande qu'on nomme *arche terminale*.

CHAPITRE III

AGENTS AQUEUX LIQUIDES

Article 1. — Eaux courantes.

23. Partage des eaux. — L'eau des pluies se divise au moment de sa chute en trois parties :

La 1re est *rendue à l'atmosphère* par l'évaporation ou absorbée par les plantes;

La 2e, *s'infiltrant dans le sol,* donne naissance aux nappes d'eaux souterraines et aux sources;

La 3e forme les *eaux courantes* qui produisent les eaux sauvages, les torrents, si redoutables par les ravages qu'ils exercent dans les montagnes déboisées.

24. Couches perméables et imperméables. — Les couches terrestres, qui se laissent facilement traverser par l'eau, sont appelées *perméables,* comme les grès, les sables, les graviers, les calcaires fissurés. Cette infiltration est facilitée par l'état superficiel du sol; les bois, les tourbières, les prés, les champs cultivés la favorisent.

On donne le nom de couches *imperméables* aux couches qui ne se laissent pas pénétrer par l'eau; de ce nombre sont les argiles, les marnes, les roches siliceuses non fissurées.

25. Action délayante des eaux. — En s'infiltrant dans le sol, les eaux produisent parfois des effets désastreux; elles peuvent causer l'*écroulement* des montagnes, le *glissement,* tantôt rapide, tantôt lent, des couches marneuses.

En 1806, à la suite de grandes pluies, le Rossberg, en Suisse, s'écroula; une masse de plus de 50 000 000 de mètres cubes se détacha de la montagne et couvrit d'argile délayée et de cailloux roulés plusieurs villages importants.

Le village de Wœggis, au pied du mont Righi, fut recouvert, en juillet 1795, par un fleuve de boue, qui descendit pendant quinze jours de la montagne.

Les habitants d'Hubersdorf virent, en 1661, une forêt qui dominait leur village descendre peu à peu et s'arrêter après avoir franchi trois kilomètres.

Une partie du mont Goïma, en Vénétie, glissa lentement pendant une nuit jusqu'au fond de la vallée, emportant un village entier; les habitants ne s'aperçurent que le lendemain de ce déplacement.

L'infiltration des eaux se manifeste encore par des *affaissements,* des créations de lacs, de golfes. En 1840, la route de Dijon à Pontarlier s'effondra dans un trou de 50 mètres de profondeur; en 1225, une partie de la Hollande disparut et fut remplacée par le golfe de Zuyderzée; les lacs formés par des affaissements sont communs en Prusse et en Pologne; les tourbières de l'Irlande présentent souvent le même phénomène.

Les eaux d'infiltration peuvent encore produire des *cavités souterraines,* soit en dissolvant des matières solubles, soit en agrandissant par leur passage des fentes préexistantes; la plupart des cavernes n'ont pas d'autre origine.

26. Sources. — Les eaux infiltrées à travers les terrains perméables arrivent à des couches imperméables qui s'opposent à leur passage ; si le sol est une plaine, les eaux s'étendent sur la couche imperméable et forment une *nappe;* si l'infiltration a lieu dans un sol accidenté, les eaux suivent les pentes des couches imperméables jusqu'au moment où elles se font jour, et jaillissent en *sources* plus ou moins abondantes (fig. 9).

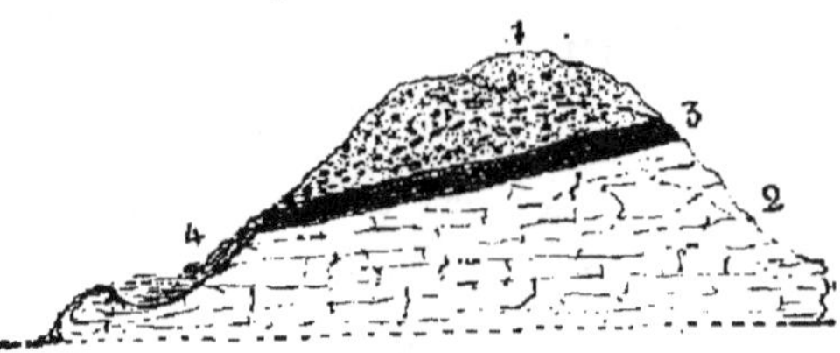

Fig. 9. — Formation d'une source.

1, couche perméable ; 2, couche imperméable ; 3, eau infiltrée ; 4, source.

Le cours des eaux souterraines suit la même loi que celui des eaux qui circulent à ciel ouvert. La connaissance de ce principe et de certains indices tirés du sol ou des plantes qui le couvrent facilite beaucoup la recherche des sources.

On les trouve ordinairement dans les vallées, au pied des plateaux et des montagnes ; leur présence est signalée par une végétation herbacée vigoureuse et abondante, composée surtout de plantes plus ou moins aquatiques, telles que les Carex, les Joncs, les Prêles, etc.

27. Puits artésiens. — Ces puits (fig. 10), qui tirent leur

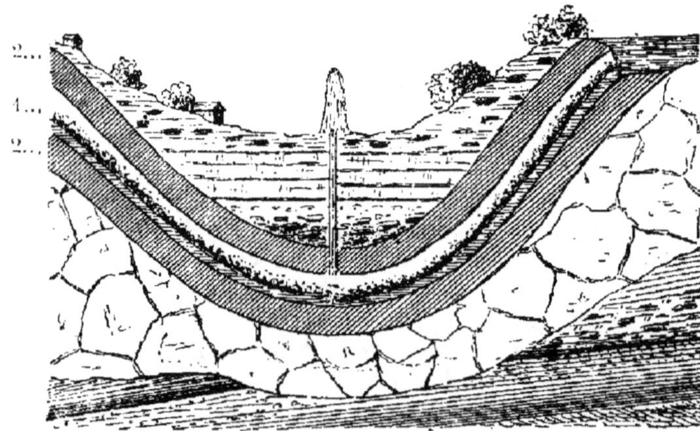

Fig. 10. — Coupe théorique d'un puits artésien montrant une couche perméable (1) entre deux couches imperméables (2, 2).

nom de l'Artois, où ils sont nombreux, reposent sur le principe des vases communiquants ; ils sont alimentés par une nappe d'eau, enfermée entre deux couches imperméables, relevées à leurs extrémités ; il suffit de percer la couche supérieure pour obtenir une source jaillissante. Ces nappes d'eau peuvent être en mouvement et former de véritables rivières souterraines entraînant des poissons, des végétaux pris dans les lacs ou les étangs qui les alimentent ; leur température est souvent de 25 à 30°.

Le puits de Grenelle, à Paris, est alimenté par les pluies qui tombent sur les plaines de la Champagne. Les forages exécutés par nos ingénieurs dans le Sahara ont transformé en riches oasis des sables arides brûlés par le soleil.

28. Sources intermittentes. — Les sources intermittentes ou périodiques (fig. 11) coulent à des intervalles plus ou moins rapprochés, variables suivant les saisons ; elles présentent la disposition de siphons naturels, qui s'amorcent lorsque l'eau du réservoir s'élève au-dessus de la courbure supérieure du siphon.

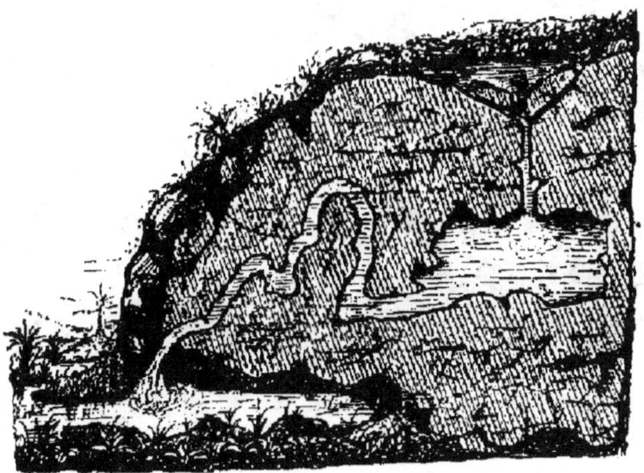

Fig. 11. — Coupe théorique d'une fontaine intermittente.

Remarque. — Les terrains calcaires et les terrains volcaniques donnent des sources peu nombreuses, mais très abondantes ; les terrains granitiques, au contraire, donnent beaucoup de sources, mais elles sont temporaires et d'un faible débit.

29. Action des eaux courantes. — L'action des eaux courantes se manifeste par des phénomènes d'érosion ou de destruction, et par des phénomènes d'alluvionnement ou de reconstruction.

La désagrégation des terres et des roches par les agents atmosphériques prépare l'action des eaux. Les torrents qui descendent des montagnes découpent quelquefois le sol en pyramides de terre dont le nombre et l'aspect changent constamment, telles sont les pyramides de Bosen (Tyrol), qui ont jusqu'à 30 ou 35 mètres de hauteur; celles de la Mure (Isère) sont moins élevées (fig. 12).

On rencontre souvent dans la partie supérieure des cours d'eau des sauts brusques d'une hauteur plus ou moins considérable, appelés *cascades*.

Fig. 12. — Pyramides de terre produites par les eaux courantes
(La Mure, Isère).

Ces chutes désagrègent les marnes et font crouler les calcaires supérieurs, mais ont peu d'action sur les roches solides. L'une des plus curieuses est celle de Gavarni, près du mont Perdu, dans les Pyrénées; elle est formée de douze torrents, qui tombent d'une hauteur de 410 mètres, et donnent naissance au Gave de Pau.

30. Effets des torrents. — Les cours d'eau rapides ont une puissance d'érosion considérable; ils entraînent des blocs, des galets, des sables, qui se consolident quelquefois, et forment en arrivant dans la plaine des cônes de déjection très élevés; le torrent coule ordinairement sur la dorsale du dépôt. Il arrive parfois que les matières entraînées sont en si grande abondance, que le cours d'eau devient un torrent de boue dévastant tout sur son passage (fig. 13). L'action érosive des eaux courantes est en rapport avec leur vitesse.

On élève parfois des digues pour limiter les désastres des torrents et des rivières; mais les dépôts s'accumulent en si grande abondance, que le niveau du cours d'eau s'élève bientôt au-dessus des plaines voisines; il faut souvent exhausser les digues.

31. Fleuves. — Les cours d'eau considérables qui conservent leurs noms jusqu'à la mer sont appelés *fleuves*. On divise leur cours en trois parties : la

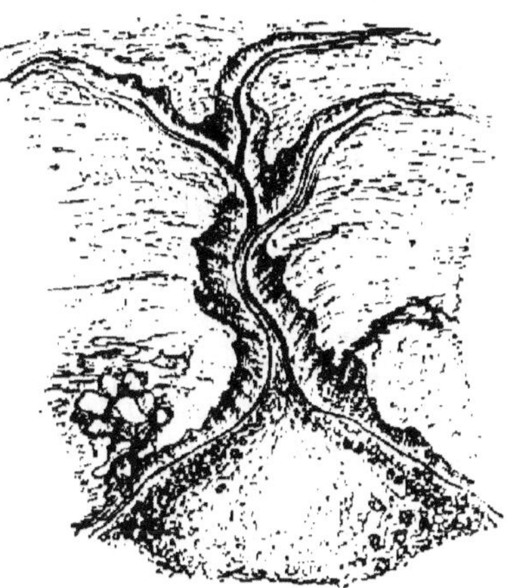

Fig. 13. — Aspect d'un torrent et de son cône de déjections.

partie supérieure, la partie moyenne et la partie inférieure.

1º Partie supérieure. **Source.** Certains fleuves ont une source modeste, ils commencent par de petits suintements formant peu à peu un ruisseau, telle est la source de la Loire; d'autres sont produits par des glaciers, comme le Rhône et le Rhin; la Sorgue, affluent du Rhône, sort à pleins bords de la majestueuse fontaine de Vaucluse, et le Saint-Laurent est l'écoulement des lacs du Canada.

Cataractes. Les chutes des grands fleuves portent le nom de *cataractes;* la plus célèbre est celle de Niagara, formée par le passage du Saint-Laurent du lac Érié dans le lac Ontario; elle donne environ 250 000 hectolitres par seconde.

Rapides. Si le changement de niveau n'est pas considérable, et que l'eau coule sur des bancs obliques, on a un *rapide;* tel est le saut du Rhône au-dessus de Lyon.

2º Partie moyenne. Dans cette partie, le cours du fleuve se ralentit; les gros sédiments entraînés jusque-là se déposent et forment des îles que le fleuve remanie souvent; c'est là aussi que commencent les *inondations* produites par les affluents et qui sont proportionnelles à l'étendue des bassins secondaires et tertiaires, et surtout à la pente de leur courant.

Pertes. Un fleuve peut disparaître pendant quelque temps pour reparaître ensuite; ainsi la Guadiania se perd dans les plaines spongieuses que les Espagnols appellent le *pont des cent mille bêtes à cornes*, et reparaît plus forte qu'avant sa disparition; la Meuse disparaît sur une longueur de 10 kilomètres; le Rhône se perd pendant quelque temps près de Bellegarde (Ain).

D'autres cours d'eau disparaissent pour toujours dans les sables ou les graviers; c'est ainsi que plusieurs fleuves africains n'ont pas d'embouchure.

3° PARTIE INFÉRIEURE. Le cours du fleuve devient presque horizontal et peut à peine vaincre la résistance que lui opposent les eaux marines. Les plus gros sédiments ont été abandonnés dans la partie moyenne, et les sédiments fins n'étant plus soutenus par le courant qui se ralentit tombent et forment à l'embouchure du fleuve des dépôts considérables, ordinairement triangulaires, que l'on nomme *deltas*.

Les plus connus sont ceux du Rhône, du Pô, du Nil, du Gange, du Mississipi.

Le delta du Rhône ou la Camargue (fig. 14) est un triangle d'environ 150 000 hectares de superficie, que l'on divise en trois parties : au nord, se trouvent les dépôts les plus élevés et les plus solides; ils forment la zone des terres cultivées; la partie moyenne abonde en riches pâturages, mais la partie sud est encore en voie de formation; elle est recouverte d'étangs, de lagunes qui se comblent et se solidifient peu à peu. Le delta

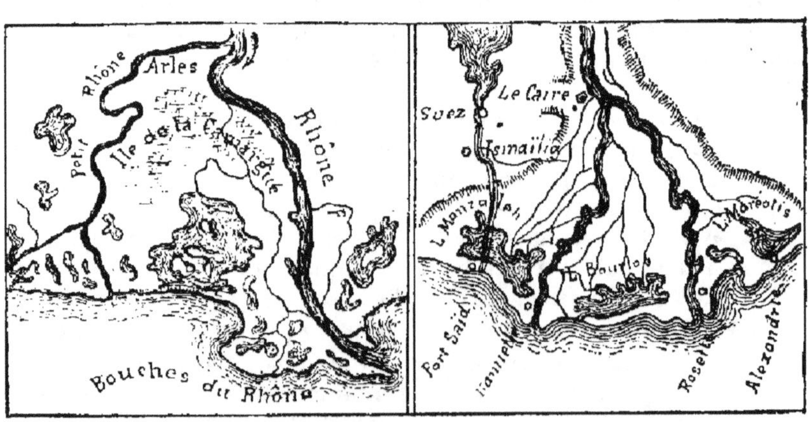

Delta du Rhône.   Fig. 14.   Delta du Nil.

s'agrandit rapidement : Arles qui, au IVe siècle, était à 26 kilomètres de la mer, en est aujourd'hui à 48 kilomètres.

Le delta que l'on trouve à l'embouchure du Nil (fig. 14) augmente lentement, parce que ce fleuve, dont le lit s'est exhaussé de deux mètres en 3000 ans, recouvre de ses eaux et de ses limons des espaces plus vastes qu'autrefois; ses débordements viennent aujourd'hui baigner les pieds de temples et de statues qui ne l'étaient pas du temps des Pharaons.

La Hollande est formée en grande partie des sédiments du Rhin et de la Meuse.

Les fleuves de la Cochinchine et de l'Inde agrandissent constamment le sol de ces riches mais malsaines contrées.

Les dépôts des deltas sont *fluvio-marins;* ils consistent en graviers, sables, limons, coquilles d'eau douce, ossements d'animaux terrestres et débris d'animaux marins.

32. Travail des fleuves. — Il semble de prime abord que les alluvions des fleuves sont peu considérables, pourtant certains d'entre eux en transportent des quantités énormes; ainsi le Gange entraîne environ 356 000 000 de tonnes de limon par an; le Hoang-Ho ou fleuve Jaune, en Chine, peut, en 25 jours, créer à son embouchure une île d'un kilomètre carré; et l'Amazone qui, pendant la saison des pluies, a 200 kilomètres de largeur, trouble de ses limons rougeâtres les eaux de l'Atlantique jusqu'à plus de 300 kilomètres des côtes.

Les limons entraînés par le Pô ont exhaussé son lit de plus de 5 mètres entre Mantoue et Modène, et ses dépôts avancent annuellement de 70 mètres dans l'Adriatique. Adria, qui a donné son nom à cette mer, était un port à l'époque romaine; elle en est éloignée aujourd'hui de 35 kilomètres.

33. Estuaires. — Si le fleuve débouche dans une mer ayant le flux et le reflux, les dépôts sont ordinairement dispersés par les mouvements des vagues, et l'embouchure, au lieu de se combler, s'élargit de plus en plus et forme une espèce de golfe ou delta négatif nommé *estuaire.*

Les mers intérieures favorisent la création des deltas, mais les fleuves tributaires de l'Océan n'en présentent presque jamais.

La Loire, la Gironde, l'Amazone, le Rio de la Plata sont de beaux exemples d'estuaires.

Il arrive quelquefois que la marée remonte les fleuves jusqu'à une grande distance de leur embouchure, et les comble peu à peu de produits presque exclusivement marins; un certain nombre d'estuaires ont été comblés ainsi.

Article 2. — Eaux stagnantes.

Marais et étangs.

34. Définition. — On appelle *marais* des espaces plus ou moins vastes et plats, à rives mal délimitées, recouverts d'eaux et de plantes aquatiques.

Les marais peuvent être produits par les eaux pluviales tombant sur un sol imperméable; par des sources ou par des infiltrations de rivières ou de lacs.

On les trouve à toutes les hauteurs; la province de Constantine en renferme beaucoup; ils forment le sud de la Camargue, couvrent les environs de Bourgoin, la Picardie, la Hollande, une partie de la Prusse et de la Russie.

35. Tourbe. — Les dépôts des marais consistent en *tourbes,* masses spongieuses brunes ou noires, produites par l'accumulation de végétaux aquatiques qui ont subi, sous l'influence de l'eau, une transformation particulière.

Les plantes tourbeuses sont surtout les Graminées aquatiques, les Joncs, les Carex, les Linaigrettes et les Sphaignes. Ces dernières croissent par leur extrémité supérieure pendant que leur base s'enfonce et se carbonise dans l'eau. Pour que ces plantes puissent se transformer en tourbe, il faut que les eaux des marais ne soient pas complètement stagnantes, et qu'elles ne soient pas sujettes à de trop grandes crues.

On utilise la tourbe pour le chauffage des appartements et dans les fonderies; une légère calcination en vase clos lui donne plus de valeur.

36. Étangs. — Les *étangs* sont de petites nappes d'eau à bords déterminés.

Le voisinage des marais et des étangs est dangereux pour l'homme, à cause des fièvres engendrées par les miasmes qui s'en dégagent.

On nomme *dépôts palustres* les limons riches en débris végétaux et en coquillages aquatiques qui se déposent dans les étangs.

Lacs.

37. Définition. — On donne le nom de *lac* à une masse considérable d'eau douce ou salée, entourée de terre de tous côtés, et alimentée par une source quelconque.

38. Division. — Les lacs peuvent se diviser en quatre groupes :

1° *Les lacs qui n'ont point d'écoulement et sont isolés de tout cours d'eau.*

Ces lacs sont alimentés par les pluies et la fonte des neiges ; leur niveau se régularise par l'évaporation. Ils ont été produits par des affaissements du sol ou remplissent les cratères d'anciens volcans. On trouve dans l'Eifel plusieurs lacs de ce genre.

2° *Les lacs qui ont un écoulement, mais qui ne reçoivent aucune eau courante.*

Ces nappes d'eau couvrent ordinairement des plateaux élevés, et sont alimentées par des sources comme les grands lacs du Canada, dont l'écoulement forme le fleuve Saint-Laurent ; le lac Séligher en Russie, qui donne naissance au Volga.

3° *Les lacs qui reçoivent et qui émettent des eaux courantes.*

Ces lacs sont traversés par un fleuve ou une rivière : tels sont le lac de Constance, traversé par le Rhin, et le lac de Genève, traversé par le Rhône.

4° *Les lacs qui reçoivent des rivières sans avoir aucun écoulement visible.*

Le niveau de leurs eaux se régularise par l'évaporation comme dans les lacs de la première catégorie. Les grands lacs salés sont de véritables mers intérieures et peuvent être attribués à des affaissements du sol ; c'est ainsi que le niveau de la mer Caspienne est de 25 mètres au-dessous de celui de la mer Noire. Le niveau de la mer Morte, encore plus étonnant, est de 400 mètres au-dessous de la Méditerranée.

39. Profondeur des lacs. — La profondeur des lacs varie d'un lac à l'autre, et souvent dans le même. Le lac de Genève a, près de Chillon, 162 mètres de profondeur, et de 300 à 350 mètres à Meillerie ; la mer Morte a 500 mètres ; la mer Caspienne, 200 mètres ; le lac Supérieur, 275 mètres ; le lac Michigan, 300 mètres ; la mer d'Aral, 50 mètres.

40. Deltas lacustres. — Les cours d'eau qui se jettent dans les lacs forment à leur embouchure des deltas lacustres qui rappellent les deltas marins (fig. 15). Ces dépôts s'avancent de plus en plus et finissent par combler le lac ; le cours d'eau serpente alors dans une plaine marécageuse qui se consolide et se dessèche peu à peu. C'est ainsi que le Rhône a déjà comblé 18 kilomètres du lac de Genève, et que les dépôts de la Dranse forment, près de Thonon, un delta qui s'avance de plus en plus vers le milieu du lac.

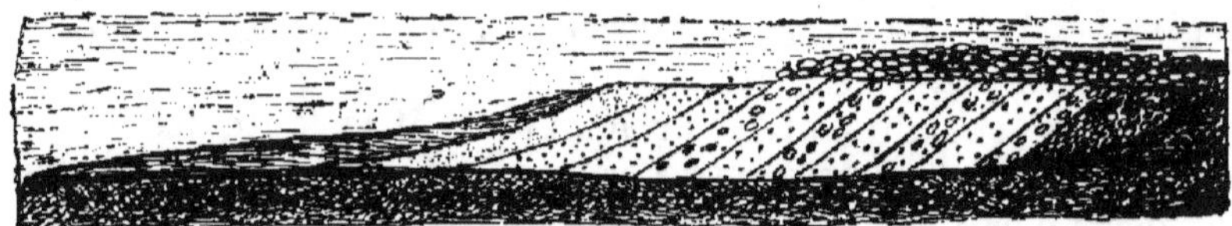

Fig. 15. — Coupe théorique d'un delta lacustre avec ses couches inclinées recouvertes d'un dépôt de cailloux.

41. Débâcle des lacs. — Les lacs formés dans les vallées par des éboulements ou des avalanches qui ont obstrué le passage des ruisseaux peuvent se conserver longtemps, comme le lac Lovitel, dans l'Oisans; mais il arrive souvent que les eaux s'infiltrent'dans les fissures de leur digue, agrandissent peu à peu les ouvertures et finissent par entraîner l'obstacle qui les arrêtait.

La masse d'eau mise en mouvement peut rouler des blocs de 15 à 20 mètres cubes, emporter les terres et les bois, ne laissant sur son passage que des roches complètement dénudées.

On trouve souvent dans les montagnes des traces de lacs qui se sont ainsi écoulés, tels sont ceux de Saint-Pierre de Chartreuse, du Bourg d'Oisans (Isère). Ce phénomène terrible est connu sous le nom de *débâcle des lacs.*

Les lacs peuvent encore disparaître par des bouleversements du sol produits par les tremblements de terre, comme en Calabre (1783); ou par des écroulements de montagnes dont les débris comblent leur bassin; le lac de Lowerz (Suisse) fut en partie détruit par l'écroulement du mont Ruffi (2 septembre 1806).

Mers.

42. Étendue des mers. — La distribution des mers à la surface du globe est très irrégulière; les terres sont surtout dans l'hémisphère boréal, tandis que l'hémisphère austral est presque entièrement recouvert par les eaux.

Pendant les périodes géologiques anciennes, la surface des mers était beaucoup plus étendue, mais leur profondeur paraît moindre que celle des mers actuelles.

La profondeur des mers est très variable; elle est aussi peu régulière que l'aspect de la terre ferme. On l'étudie au moyen de sondages.

Voici quelques-uns des résultats obtenus dans ces recherches.

La Méditerranée entre l'Afrique et la Grèce a de 4 à 5000 mètres de profondeur. L'Océan, au sud de Terre-Neuve, a 8,000 mètres, et jusqu'à 14 ou 15000 mètres vers le pôle Sud.

La profondeur moyenne de l'Atlantique est d'environ 1000 mètres; celle de l'océan Pacifique atteint environ 4000 mètres.

43. Composition des eaux marines. — Les eaux marines contiennent un grand nombre de substances en dissolution ou en suspension. Un mètre cube d'eau de mer pèse ordinairement 1027 kilogrammes; mais ce poids varie suivant la composition des eaux, qui n'est pas la même dans toutes les mers : c'est ainsi que la proportion de sel marin est moins grande vers les pôles que vers l'équateur. La quantité de sel que contiennent les mers est si considérable qu'elle suffirait, dit-on, à recouvrir tout le globe d'une couche de 10 mètres d'épaisseur. Voici le poids des principales substances contenues dans un litre d'eau pris dans diverses mers.

DÉSIGNATION DES EAUX	Chlorure de sodium.	Chlorure de magnésium.	Sulfate de magnésie.	Carbonates.
Océan.	25^{gr}704	2^{gr}905	2^{gr}462	0^{gr}132
Méditerranée . . .	29 524	3 219	2 477	0 114
Mer Noire	14 019	1 304	1 470	0 570
Mer d'Azow	9 658	0 887	0 764	0 150
Mer Caspienne. . .	3 673	0 632	1 238	0 183
Mer Morte	110 030	16 960	2 330	9 530

44. Mouvements des eaux. — Les eaux des mers ne sont jamais en repos; leurs principaux mouvements sont les *vagues*, les *marées* et les *courants*.

45. Vagues. — Les vents peuvent agiter la surface des eaux jusqu'à environ 15 mètres de profondeur; au-dessous de ce niveau, les eaux paraissent ordinairement tranquilles; les courants et le voisinage des côtes modifient ces mouvements.

L'élévation et l'abaissement rapide des eaux produits par ces diverses causes sont appelés *vagues*. Les vagues s'abaissent et s'élèvent, mais ne se déplacent pas; c'est la connaissance de ce fait qui permet aux marins de jeter le loch pour mesurer la marche de leur navire.

La hauteur des vagues est variable; pendant les gros temps, et loin des côtes, leur hauteur moyenne est de 5 mètres; elles peuvent atteindre de 13 à 15 mètres vers les Açores, et jusqu'à 60 mètres contre les falaises de l'île Saint-Paul.

46. Action des vagues. — Suivant la nature du rivage les effets des vagues sont bien différents; si la côte est *escarpée*, les vagues rongent les falaises et les font écrouler (fig. 16);

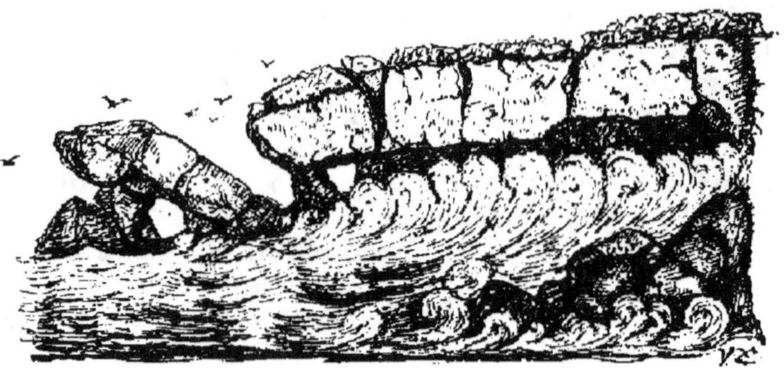

Fig. 16. — Action des vagues sur les falaises.

façonnent les roches, les percent (fig. 17), creusent des cavernes et recouvrent le pied des abruptes d'une plage de *galets* ou cailloux roulés et aplatis.

Fig. 17. — Rochers découpés par la mer.

La petite ville de Chatelaillon (Charente-Inférieure) existait encore en 1780 sur les bords d'une falaise; ses débris sont aujourd'hui à 2 kilomètres en mer.

Un rocher des environs de Biarritz a été percé par les efforts incessants des vagues, et la célèbre grotte basaltique de Fingal, dans les Hébrides, est due à la même cause.

Lorsque les côtes sont *plates*, les vagues les recouvrent d'une quantité de sables fins qui, sous l'influence du vent, forment les *dunes*. Quelquefois il se fait des dépôts très longs, mais bas et étroits, que la mer respecte toujours et que l'on appelle *cordons littoraux*. Entre ces cordons littoraux et la côte, existent des étangs salés dans lesquels on établit des marais salants pour l'extraction du sel, et qui se comblent peu à peu par les sables ou les apports des cours d'eau.

Outre le Lido si connu de Venise, on trouve un de ces cordons sur les bords de l'étang de Thau, entre Cette et Agde, et sa solidité est telle que le chemin de fer le suit dans toute sa longueur.

47. Marées. — On donne le nom de *marées* à des mouvements réguliers et périodiques des eaux de la mer, attribués à l'attraction de la lune. Le *flux*, ou marée montante, s'élève pendant six heures, et le *reflux*, ou marée descendante, commence un quart d'heure plus tard, et dure aussi pendant six heures. Les grandes marées, qui arrivent aux équinoxes du printemps et de l'automne, sont dues à l'action combinée du soleil et de la lune.

La hauteur des marées est très variable; elle est de 6 à 7 mètres à Saint-Malo; de 5 m. 50 dans la Tamise; de 15 mètres à Bristol; de 15 à 22 mètres à Chepstow sur la Wye et de 0 m. 40 seulement aux Antilles.

Les marées, peu importantes dans la Méditerranée, ne se font presque pas sentir dans les autres mers intérieures.

Les marées remontent un certain nombre de fleuves ou luttent contre leur courant; c'est ainsi qu'il se forme à l'embouchure de l'Adour une barre ou demi-cercle de vagues et d'écume.

Les sédiments apportés par les fleuves sont dispersés par les marées, qui peuvent élargir les embouchures des fleuves et creuser les *estuaires*.

48. Courants. — Les *courants* sont des parties de la mer où l'eau coule rapidement comme un fleuve. Ces courants sont dus surtout à la répartition inégale de la chaleur au sein des mers et à l'action des vents réguliers.

Le plus intéressant de ces courants marins est le *Gulf-Stream* (fig. 18), fleuve majestueux, mille fois plus considérable que l'Amazone et le Mississipi, ayant de 60 à 90 kilomètres de largeur, 300 mètres de profondeur et une vitesse de 9 kilomètres à

1*

l'heure; son trajet, d'après M. de Humboldt, dure 2 ans 10 mois. Ses eaux, chauffées dans le golfe du Mexique, deviennent plus salées et plus chaudes, traversent le canal de la Floride, le détroit de Bahama et montent vers le nord. A la hauteur de Terre-Neuve leur chaleur diminue; elles se divisent en deux branches, l'une qui s'enfonce sous les eaux froides et va réchauffer

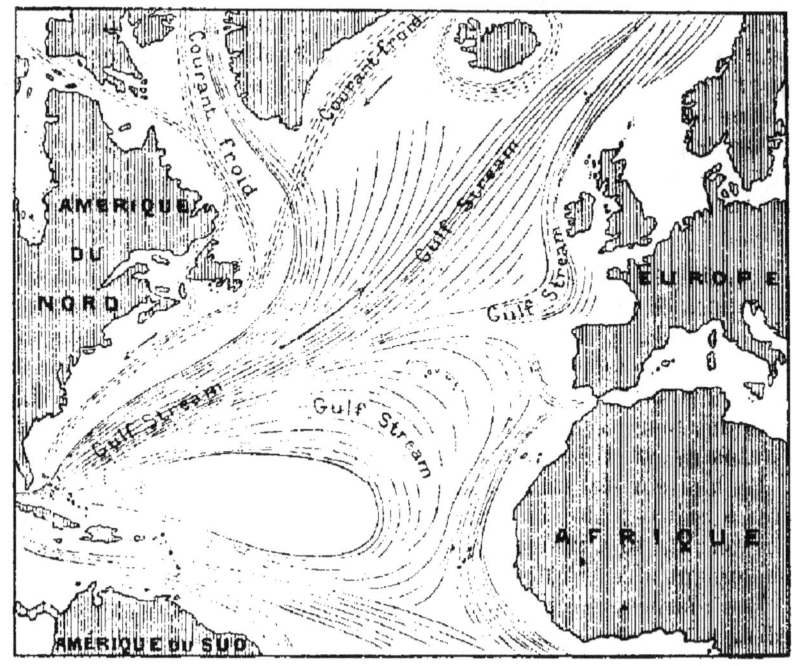

Fig. 18. — Carte des courants.

le pôle Nord en formant la mer de Kane, l'autre qui reste à la surface et s'infléchit vers l'est. Aux Açores, a lieu une nouvelle bifurcation : un bras longe les côtes d'Afrique et revient dans le golfe du Mexique en formant la *mer des Sargasses*, espèce de prairie marine composée de *Sargassum natans;* l'autre bras longe l'Angleterre, la Norvège, et va se perdre au pôle boréal. Ses eaux, qui ont encore 25° en face de Charlestown, adoucissent les hivers sur les côtes occidentales de l'Europe, et jettent sur les rivages de la Scandinavie et de la Nouvelle-Zemble les débris végétaux arrachés aux forêts américaines.

La Méditerranée possède vers Gibraltar deux courants superposés; le courant supérieur vient de l'Océan et le second, qui est très salé, va de l'est à l'ouest. L'existence de ce dernier a été prouvée par un grand nombre de faits, dont le plus connu est celui d'un brick hollandais coulé par le vaisseau français *le Phénix*; le brick flotta entre deux eaux, grâce à son chargement d'huile, et aborda, trois jours après, aux environs de Tanger, à douze milles du lieu du combat.

On attribue la salure considérable du courant inférieur à l'évaporation rapide des eaux de la Méditerranée, qui n'est pas assez compensée par les apports des fleuves.

49. Dépôts des mers. — Il se fait au sein des mers des dépôts importants dont l'origine peut être *mécanique, chimique* ou *organique.*

50. 1° Dépôts par voie mécanique. — Les dépôts par voie mécanique sont fournis par les sédiments des fleuves, par l'érosion des falaises et des îles, et le remaniement des côtes basses, par l'action combinée des vents, des vagues et des marées.

Ces dépôts se composent d'une couche de galets ou cailloux roulés qui s'entassent au pied des falaises, d'une plage de graviers et de sables fins en avant; les limons emportés plus loin forment au fond des eaux, au delà des sables, une ceinture de boues verdâtres ou bleuâtres de 250 à 300 mètres de largeur. Ces divers sédiments se déposent en couches superposées et distinctes.

51. 2° Dépôts par voie chimique. — Les eaux marines laissent déposer par leur évaporation du chlorure de sodium, du gypse, du calcaire; les sables, les graviers, se consolident peu à peu par leur mélange avec ces substances, ou par l'action de la silice fournie par des sources, et deviennent des roches qui possèdent tous les caractères des roches anciennes.

On trouve près d'Ajaccio une grotte granitique dont le sol est recouvert d'une couche de 0 m. 30 de galets agglutinés.

Dans les environs de Messine, les sables sous-marins se durcissent en dix à douze ans; en moins de trente ans, ils sont assez durs pour faire feu au briquet, et constituent de véritables grès.

52. 3° Dépôts organiques. — Ces dépôts, qui peuvent avoir une origine végétale ou une origine animale, ont été abondants à toutes les époques. Les dépôts végétaux se composent de bois entraînés par les fleuves et enfouis dans la vase des deltas; de Fucus ou varechs produisant au fond des baies de véritables tourbes marines. On trouve dans les mers profondes des régions glaciales des dépôts siliceux composés presque en entier de débris de petites algues marines nommées *Diatomées*. Les dépôts animaux sont aussi variés que nombreux. Les fonds des grandes mers éloignées des côtes se couvrent des enveloppes de rhizopodes siliceux ou *radiolaires* (fig. 19), qui peuvent ainsi former de véritables couches de tripoli. Outre les Radiolaires,

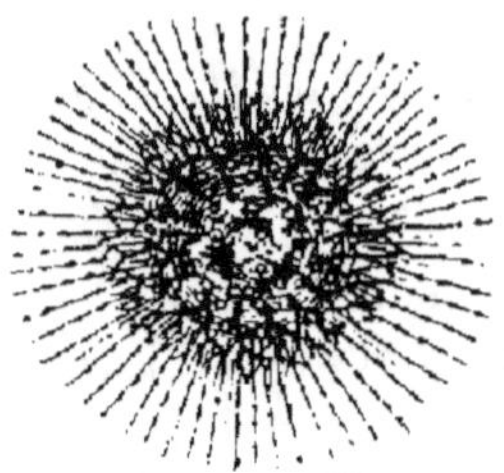

Fig. 19. — Radiolaire.
(Grossi.)

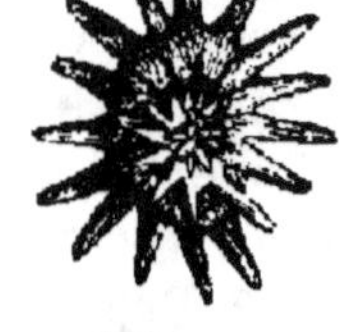

Fig. 20. — Foraminifères.
(Grossie.)

on trouve, à la surface des eaux chaudes, des Foraminifères calcaires formant un grand nombre d'espèces dont les plus abondantes sont les *Globigérines*. Leurs enveloppes, de la grosseur d'une tête d'épingle, tombent comme une pluie sur le fond de la mer et constituent des couches de vase blanche renfermant jusqu'à 95 $^0/_0$ de calcaire. C'est surtout dans les ports et aux embouchures des fleuves que les foraminifères calcaires et les radiolaires siliceux se multiplient : ils ont formé dans le port d'Alexandrie une couche de 12 mètres d'épaisseur ; le nettoyage du port de Swinemunde, en 1840, donna 160 000 mètres cubes de vase, dont un tiers au moins était formé de débris de foraminifères.

53. Formations coralliennes. — Les formations coralliennes, beaucoup plus importantes que les précédentes, s'élèvent près des côtes, au milieu de l'agitation des flots. Les *Polypes coralligènes* (fig. 21) sont des zoophytes constructeurs qui sécrètent, aux dépens du sulfate de chaux et du carbonate de chaux des eaux marines, un squelette calcaire qui les enveloppe. Ces animaux vivent ordinairement en colonies nombreuses formant une masse minérale nommée *polypier*. Le polypier s'accroît sans cesse par sa partie supérieure, habitée par les Polypes vivants, tandis que la base meurt, se dépouille de toute substance animale, et constitue une masse calcaire d'une grande solidité.

On trouve les Polypes constructeurs dans les mers dont la température ne s'abaisse jamais à 20° au-dessus de zéro, et leurs travaux ne s'édifient que sur des fonds ne dépassant pas

30 à 40 mètres de profondeur. Il leur faut pour prospérer, une eau pure et agitée.

Les fragments des polypiers brisés par les tempêtes remplissent les intervalles des diverses colonies, se consolident, se couvrent de nouveaux polypiers et agrandissent ainsi la formation. La partie vivante s'élève lentement, mais constamment, jusqu'au niveau des hautes marées, et les débris des polypiers,

Fig. 21. — Polypiers.

arrachés par les vagues et lancés au-dessus de la formation, exhaussent la surface générale jusqu'à ce qu'elle soit complètement au-dessus des eaux. Toutes les cavités se remplissent d'une vase crayeuse et de sables, qui, en s'incrustant de calcaire, donnent naissance à des masses minérales à structure oolithique assez abondantes. La formation, qui ne s'élève guère à plus de 3 mètres au-dessus des plus fortes marées, ne s'accroît plus en hauteur, mais seulement en largeur du côté de la haute mer. Les oiseaux, les vents, les courants apportent sur ces îles des semences végétales, et cette nouvelle création devient bientôt habitable.

54. Récifs, atolls. — Les polypiers qui se forment directement contre les côtes sont des *récifs frangeants;* ceux qui

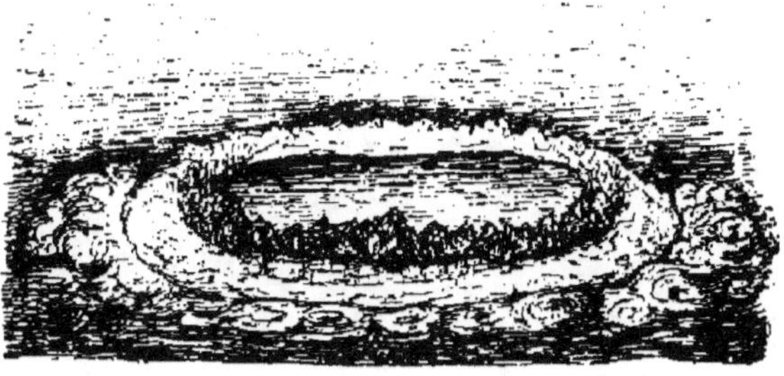

Fig. 22. — Île madréporique.

forment une enceinte autour d'une île sont des *récifs barrières:* ils sont séparés de l'île par des lagunes qui peuvent atteindre jusqu'à 80 ou 100 kilomètres de largeur. Les *atolls* sont des îles basses, annulaires, entourant un lac tranquille de grandeur variable (fig. 22). On expliquait la forme annulaire de ces atolls en admettant que les dépôts se font autour d'une île qui s'affaisse lentement; les polypes abandonnent successivement les parties trop profondes, élèvent leurs constructions jusqu'à ce que le sommet de l'île disparaisse et soit remplacé par un lac défendu par un rempart de polypiers (fig. 23). Les recherches du *Chal-*

Fig. 23. — Mode de formation d'un atoll dans le cas d'un affaissement.

lenger, publiées en 1880, semblent prouver que les atolls s'élèvent sur des plateaux sous-marins d'origine volcanique, et que la ceinture madréporique qui forme l'enceinte est due à l'accroissement plus rapide du polypier du côté extérieur : la théorie des affaissements est donc inutile dans la plupart des cas pour expliquer ces formations.

II· SECTION

AGENTS INTÉRIEURS

CHAPITRE IV

CHALEUR CENTRALE

35. Chaleur centrale. — La terre possède deux chaleurs, l'une qu'elle reçoit du soleil, l'autre qui lui est propre et qui a son siège dans l'intérieur du globe ; cette dernière est connue sous le nom de *chaleur centrale*.

Les principales preuves de l'existence de cette chaleur sont :

1° L'élévation de température observée à mesure que l'on s'enfonce dans le sein de la terre ; cette élévation, qui est ordinairement de 1° par 33 mètres, varie un peu suivant la nature des roches traversées ;

2° La température des eaux thermales et des puits artésiens ;

3° Les éruptions volcaniques.

Les tremblements de terre, les mouvements lents ou rapides de l'écorce terrestre peuvent aussi être apportés à l'appui de cette hypothèse.

56. Fluidité probable de la masse centrale. — Si la température intérieure augmente régulièrement, on doit rencontrer à 3000 mètres la température de l'eau bouillante, et à 10000 mètres une chaleur suffisante pour fondre toutes les roches connues. Il est probable que la masse en fusion possède une chaleur uniforme. Quelle est la nature de ce noyau central? La densité moyenne du globe étant de 5,50, et la densité des roches superficielles de 2,50 seulement, l'intérieur du globe doit renfermer des corps plus lourds que ceux qui sont à sa surface. Le fer se trouve abondamment dans le sol ; il forme avec le cobalt et le nickel la plus grande partie des aérolithes ; on suppose que le centre de la terre est formé de ces métaux et de quelques autres à l'état de fusion.

Article 1. — Tremblements de terre.

57. Définition. — Un tremblement de terre est un mouvement, une oscillation du sol.

58. Description. — Quelques tremblements de terre sont circonscrits, d'autres se font sentir sur une étendue de plus de 1000 kilomètres. Quelquefois le phénomène est subit; en 1812, trois secondes suffirent pour anéantir la ville de Caracas (Colombie); en 1693, Messine et cinquante autres localités furent renversées en cinquante secondes.

Au Pérou, les secousses durent quelquefois plusieurs mois.

D'autres fois, il y a des signes précurseurs, tels que des bruits souterrains ressemblant au tonnerre, des brisements de matières vitreuses à une grande profondeur.

Si le tremblement de terre est léger, on est averti par le tintement des cloches, le mouvement des meubles; s'il est intense, les maisons se lézardent, les arbres sont arrachés, les montagnes s'écroulent; des couches de terrain glissent dans les vallées qu'elles comblent; le cours des rivières est interrompu; les lacs sont desséchés, ou il s'en forme de nouveaux; les sources tarissent; ailleurs, au contraire, il en jaillit dans des lieux qui en étaient dépourvus. Les falaises sont ébranlées et s'écroulent dans la mer. Les couches terrestres sont disloquées, crevassées, redressées par des secousses qui peuvent être horizontales, verticales, circulaires et tournoyantes. Tous ces effets se produisirent dans le terrible tremblement de la Calabre en 1783. Dans les tremblements sous-marins, des vagues énormes se soulèvent et la mer est jetée sur les côtes; c'est ainsi qu'en 1746 l'Océan s'éleva de 27 mètres, engloutit Calao (Pérou), emporta le terrain cultivé et jeta quatre grands navires à une lieue et demie au delà de la ville; quinze personnes seulement échappèrent au désastre.

En 1692, une frégate anglaise fut lancée par-dessus les clochers de Port-Royal, aux Antilles.

En 1755, la mer envahit les quais de Lisbonne et jeta les vaisseaux du port dans la ville; plus de 3 millions de kilomètres carrés furent ébranlés par ce tremblement de terre.

Le phénomène se termine parfois par des éruptions de matières diverses, fumée noire, acide carbonique, boue, eau chaude, etc.

L'impulsion du mouvement se fait sentir en un point du sol situé au-dessus du centre d'ébranlement, et les oscillations se propagent ensuite en ondes concentriques dont l'intensité diminue graduellement. Lorsque les roches ne sont pas complètement homogènes, les ondes se propagent plus vite dans un sens que dans l'autre.

59. Mouvements du sol. — L'un des effets les plus extraordinaires des tremblements de terre est l'*exhaussement* ou l'*affaissement* du sol.

Tantôt les côtes sont *brusquement* soulevées hors des flots ou *subitement* englouties; tantôt le phénomène s'opère lentement, mais d'une manière continue.

Le nord de la Suède s'élève constamment pendant que le sud s'affaisse; ce mouvement fut constaté par des entailles faites sur les rochers du rivage de la Baltique au dernier siècle.

Le nord de l'Écosse, l'Islande, le Japon, sont dans une période d'exhaussement, ainsi que les Antilles et les Andes.

Le Groenland s'abaisse depuis plus de quatre siècles sur une longueur de 200 lieues dans la direction du nord au sud, et le nord s'exhausse, ainsi que le Labrador.

60. Constance du niveau des mers. — Les affaissements et les exhaussements du sol sont la seule cause des changements d'élévation que l'on remarque sur les fonds des mers : le niveau des eaux n'a pas changé. En 1822, les côtes du Chili s'élevèrent sur une longueur de 200 lieues, mais on ne remarqua aucun changement sur les côtes voisines; la profondeur de la mer resta la même au nord et au sud des côtes chiliennes. Un des exemples les plus frappants de ces oscillations du sol qui modifient la profondeur des eaux sur les côtes est celui du temple de Sérapis à Pouzzoles. Ce temple, bâti à l'époque romaine sur la terre ferme, fut englouti plus tard par un affaissement du sol; les eaux s'élevèrent jusqu'à la moitié de la hauteur des colonnes

Fig. 24. — Temple de Sérapis.

de marbre, et les pholades, mollusques lithophages, perforèrent les colonnes sur une hauteur de 2 m. 75; la partie inférieure et la partie supérieure du monument restèrent intacts; un nouveau mouvement souleva le temple et le remit au niveau actuel (fig. 24).

61. Causes des tremblements de terre. — Les causes des tremblements de terre sont multiples. Ils sont produits, dit M. de Lapparent, par des vibrations de l'écorce terrestre dues à la *diminution progressive du volume de la terre* sous l'influence de son refroidissement séculaire.

L'écorce terrestre, en se contractant, se plisse, se brise, s'affaisse ou se soulève en déterminant dans le sol des ébranlements qui se propagent à des distances plus ou moins grandes.

On attribue généralement les tremblements de terre aux *vapeurs produites par le feu central;* ces vapeurs, à haute température et à forte tension, ébranlent le sol pour chercher une issue.

Un certain nombre de tremblements de terre sont dus aux *éruptions volcaniques,* qu'ils précèdent ou accompagnent; d'autres sont attribués à des *écroulements* profonds faits dans des vides produits par les *eaux souterraines* qui ont entraîné des masses considérables de matières solubles.

Article 2. — Volcans.

62. Définition. — Les *volcans* sont des montagnes ou des collines qui, par des cheminées, mettent en communication temporaire ou constante l'intérieur du globe avec sa surface. Un volcan peut être en activité ou en repos; un volcan qui, de mémoire d'homme, n'a pas eu d'éruption, est dit éteint.

63. Formation d'un volcan. — Les volcans peuvent exister dans tous les terrains; ceux d'Auvergne sont sur les gneiss et les granits, ceux d'Italie sur les couches tertiaires. Presque tous les volcans ont débuté par une fissure ouverte au milieu d'une plaine ou sur de hauts plateaux montagneux; les débris vomis par le volcan s'accumulent sur les bords de cette fente et constituent bientôt une montagne conique qui s'élève de plus en plus. Cette formation est quelquefois lente, d'autres fois très rapide; le Monte Nuovo, près de Naples, fut créé en deux jours, et s'éleva à 130 mètres, comblant à moitié un lac voisin.

64. Parties d'un volcan. — On distingue trois parties dans un volcan : le *foyer*, la *cheminée* et le *cratère* (fig. 25). Le *foyer*, qui peut être plus ou moins profond, est la cavité qui contient les matières incandescentes; la *cheminée* est le conduit qui amène à l'extérieur les produits du volcan; le *cratère* est l'ouverture supérieure de la cheminée par laquelle s'écoulent les produits volcaniques.

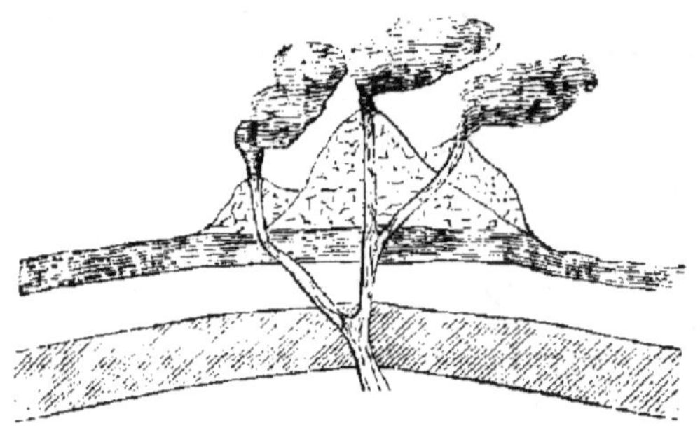

Fig. 25.

Coupe théorique d'un volcan montrant le foyer, la cheminée, le cratère et les cônes de débris.

65. Éruptions volcaniques. — Après un repos plus ou moins prolongé, la plupart des volcans rentrent en activité. Leurs éruptions sont ordinairement précédées de tremblements de terre, de bruits souterrains, d'apparition de vapeurs diverses et de fumées, puis on entend de violentes détonations; une colonne de vapeur d'eau, sillonnée par des éclairs, s'élève à 2 ou 3 000 mètres et s'étale en parasol. Les cendres et les débris de toutes sortes qui encombrent le cratère sont projetés avec violence, obscurcissent l'air et retombent autour du volcan; les détonations se succèdent rapidement et sont presque toujours suivies d'une éruption de laves (fig. 26).

Fig. 26. — Éruption du Vésuve.

66. Produits volcaniques. — Les matières vomies par les volcans sont solides, liquides ou gazeuses.

Les produits *solides* sont des blocs de rochers granitiques ou calcaires, arrachés aux parois de la cheminée, et souvent enveloppés dans les masses en fusion; les *scories* sont des débris embrasés lancés avec violence et retombant sur les flancs de la montagne, soit à l'état de masses arrondies nommées *bombes volcaniques*, soit à l'état de *ponces*, de *cendres* ou de *sables*. Les villes d'Herculanum et de Pompéi furent, en l'an 79 après Jésus-Christ, couvertes de débris de cette nature. Les cendres et les sables volcaniques emportés par les vents forment en tombant dans les eaux des couches boueuses qui se durcissent peu à peu et deviennent les *tufs volcaniques* (fig. 27).

Fig. 27. — Aspect du val del Bove avec cône éruptif au centre et dykes ou filons en saillie sur le pourtour.

Les produits *liquides* des volcans sont les *laves*, qui s'écoulent de la montagne, soit par le cratère, soit par des fentes qui se

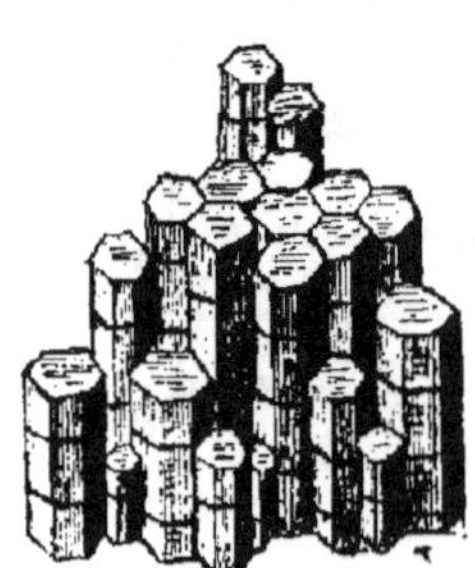

Fig. 28.
Prismes basaltiques.

sont produites sur le flanc même de la montagne. Ces masses en fusion descendent comme un fleuve de feu qui se refroidit et se consolide peu à peu; elles se tordent, se crevassent quelquefois en prismes plus ou moins réguliers (fig. 28), formant de magnifiques colonnades. (Orgues d'Espaly près le Puy.)

Les produits *gazeux* sont la vapeur d'eau, qui est très abondante, le sel marin, le sel ammoniac, l'acide chlorhydrique, l'acide carbonique, le fer oligiste, l'acide borique, les sulfures d'arsenic, etc. Ces produits se répandent dans l'atmosphère, se déposent sur les laves ou tapissent les fissures du sol. On ne trouve jamais le soufre dans les produits gazeux des volcans.

67. Éruptions sous-marines. — Des bouches volcaniques s'ouvrent parfois au sein des mers; les eaux deviennent bouillantes et agitées; des nuages de vapeurs et de fumée s'en échappent, et des flots de lave brûlante terminent l'éruption.

Quelquefois les produits s'accumulent et forment une île qui devient plus tard habitable. L'archipel de Santorin est composé de sept îles dont l'origine est évidemment volcanique (fig. 29).

Santorin et Thérasia sont les bords ébréchés d'un ancien cratère enfermant le groupe des îles Kaïmenis, qui parurent successivement depuis l'époque romaine.

L'éruption de 1866 eut lieu près de Néa-Kaïmeni ; une île de lave noire, qu'on nomma île George, s'éleva lentement jusqu'à 50 mètres au-dessus de la mer, puis se réunit à

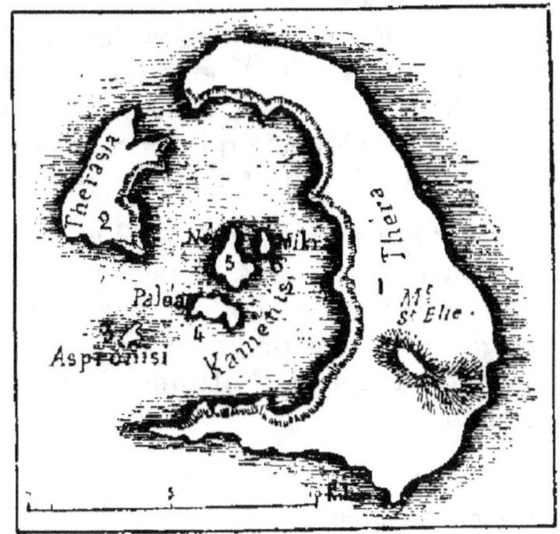

Fig. 29. — Archipel de Santorin.

Néa-Kaïmeni. Le sommet de cette île nouvelle atteignit bientôt 123 mètres, s'ouvrit et devint un volcan qui vomit des courants de lave de plus de 100 mètres d'épaisseur sur 1 kilomètre de longueur.

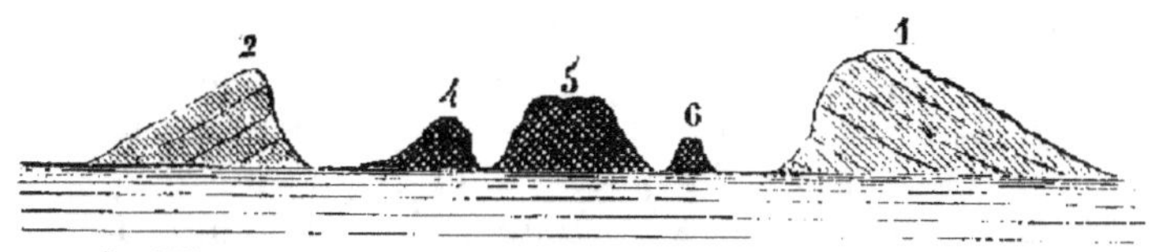

Fig. 29. — Coupe de l'archipel de Santorin.

1, Santorin ; 2, Thérasia ; 4, Palæa–Kaïmeni (Ancienne brûlée, 198 avant Jésus-Christ) ; 5, Nea–Kaïmeni (Nouvelle brûlée, 1707) ; 6, Micra-Kaïmeni (Petite brûlée, 1578).

D'autres fois, cette création nouvelle s'engloutit dans l'abîme qui l'a vomie ; c'est ce qui arriva à l'île Julia, sortie de la mer, près de la Sicile, en 1831, et qui disparut pendant que différents peuples se disputaient l'honneur de lui donner un nom ; elle reparut en 1863 pour disparaître de nouveau quelques semaines après.

68. Estimation de la force volcanique. — La force déployée par les volcans pour soulever leurs laves jusqu'à leur sommet peut nous donner une idée de l'action puissante qui a bouleversé le sol et soulevé les montagnes. L'Etna a une hauteur de 3 315 mètres, l'Antisana 5 833 mètres et l'Aconcagua au Chili a plus de 7 000 mètres.

On a calculé que la densité des laves étant deux ou trois fois celle de l'eau, il fallait pour les élever à ces hauteurs des forces comparables à 1 000 ou 1 500 atmosphères. La force est quelquefois si considérable que la montagne ne peut pas y résister ; ses flancs se percent et laissent couler la lave.

69. Volcans en activité. — Les volcans qui brûlent actuellement sont presque tous dans des îles ou sur les rivages escarpés des bords des mers. Le pourtour du Pacifique est un immense cercle de feu à peu près ininterrompu.

Voici les noms et l'altitude de quelques-uns des volcans les plus connus :

Aconcagua (Chili)......	7 150 m	Kliutschi (Sibérie)	4 800 m
Antisana (Équateur)....	5 833	Ténériffe (Canarie). ...	3 700
Cotopaxi (Équateur)....	5 755	Pastos (Équateur)......	4 100
Mont St-Élie (Am. russe).	5 443	Érèbe (Terres australes).	3 700
Popocatepetl (Mexique).	5 400	Etna (Sicile)...........	3 315
Maypo (Chili)..........	5 386	Hécla (Islande).........	1 690
Pichincha (Équateur)...	4 855	Vésuve (Italie).........	1 190
Mowna-Roa (Océanie)..	4 800	Stromboli (Italie).......	700

70. Volcans éteints. — Lorsqu'un volcan a cessé d'agir, il conserve ses formes, son cratère, ses coulées de laves ; les eaux peuvent remplir le cratère et la végétation couvrir les flancs de la montagne, mais l'aspect général permet toujours de reconnaître le volcan. Après un temps plus ou moins long, ces cratères anciens peuvent se rouvrir et recommencer leurs éruptions. Le Vésuve (fig. 30), éteint depuis les temps historiques,

Fig. 30.

Vésuve actuel.   Vésuve ancien.

fit, en l'an 79 de notre ère, une éruption célèbre, dont les débris couvrirent les villes d'Herculanum et de Pompéi. Le Vésuve actuel s'élève au centre de l'ancien cratère. L'Auvergne et le ivarais possèdent de beaux spécimens de volcans éteints.

La chaîne des **Puys d'Auvergne** présente une ligne d'une soixantaine de cratères échelonnés du nord au sud (fig. 31).

Fig. 31. — Chaîne des Puys d'Auvergne, vue du Puy Chopine.

71. Causes des Volcans. — Les éruptions volcaniques sont produites par des matières en fusion qui constituent l'intérieur de la terre. L'ascension de la lave est due à la pression inégale des couches supérieures sur les masses fondues au voisinage de grandes dépressions du sol. A la faveur des fentes de l'écorce

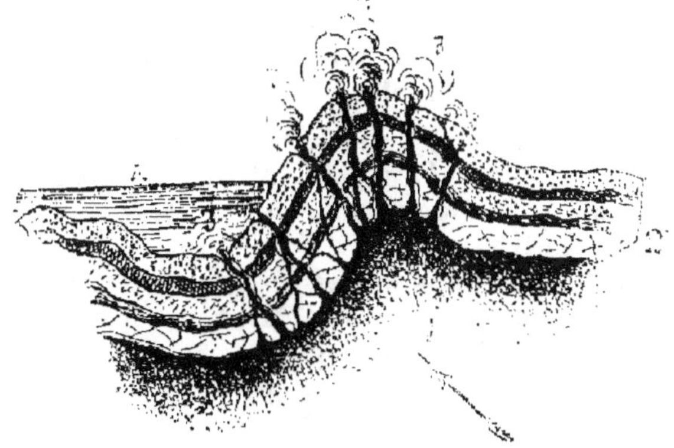

Fig. 32. — Coupe théorique de la formation des volcans.

1, Masses centrales en fusion; 2, Couches terrestres brusquement repliées et fissurées; 3, Fissures par lesquelles se forment des volcans terrestres ou sous-marins; 4, Mer.

terrestre, vers les brusques inflexions de sa surface, les matières incandescentes s'élèvent dans les orifices et s'écoulent à l'extérieur. Des dégagements abondants de gaz provoquent des expulsions tumultueuses de laves et de vapeurs diverses. La présence de l'eau de mer au contact des matières embrasées n'est pas nécessaire, comme on le croyait, pour expliquer les éruptions; d'ailleurs on trouve en Mandchourie des volcans, situés à plus de 900 kilomètres de la mer, qui étaient encore en éruption au dernier siècle.

Article 3. — Phénomènes se rattachant aux agents intérieurs.

72. Solfatares. — Les *solfatares*, ou soufrières naturelles, succèdent à la période active des volcans; ce sont des dégagements de vapeurs d'eau, d'acide sulfureux et d'acide sulfhydrique qui remplacent les laves. Au contact de l'air, l'acide sulfhydrique se décompose et abandonne du soufre natif qui recouvre et imprègne les débris volcaniques. La vapeur d'eau transforme partiellement l'acide sulfureux en acide sulfurique; ce dernier attaque les roches alumineuses et produit les *alunites* ou pierres d'alun. On trouve quelquefois l'acide sulfurique en dissolution dans les cours d'eau dont la source est voisine des volcans; c'est ainsi que le Rio Vinagre (Amérique méridionale) en contient plus d'un gramme par litre; le Ruiz (Nouvelle-Grenade) en contient 5 gr. 18. La solfatare la plus célèbre est celle de Pouzzoles, aux environs de Naples; on en retire une quantité considérable de soufre.

73. Soffioni. — Les *soffioni*, ou *soufflards*, sont des jets de vapeur d'eau de 6 à 20 mètres de hauteur qui déposent dans les mares ou lagoni de grandes quantités d'acide borique, de soufre et de gypse cristallisés.

Ces soufflards, très communs en Toscane, ont une température de 105 à 120°; on utilise cette chaleur pour évaporer l'eau des lagoni et en extraire l'acide borique.

74. Geysers. — Les *geysers* (fig. 33) sont des sources jaillissantes d'eau chaude, dont les éruptions, toujours très courtes, sont intermittentes. Ces eaux, qui s'élèvent parfois à plus de 60 mètres de hauteur, déposent autour de leurs orifices des couches abondantes de silice hydratée ou *geysérite*, et quelquefois des masses calcaires nommées *travertins*. On attribue les geysers à des sources profondes traversées par des vapeurs chaudes provenant de quelque volcan voisin. Le contact de ces vapeurs peut, à certains moments, volatiliser une partie de l'eau, et soulever en bouillonnant la colonne liquide qui est au-dessus.

L'intermittence des éruptions s'explique par le temps qu'il faut pour que les infiltrations d'eau puissent remplir de nouveau le canal d'ascension et prendre la température nécessaire pour être réduites en vapeurs. Les geysers les plus connus sont ceux de l'Islande; ceux de la Nouvelle-Zélande, plus nombreux et

Fig. 33. — Aspect d'un geyser.

plus puissants; et ceux de Yellow-Stone, dans les montagnes Rocheuses, qui comptent plusieurs milliers de bouches d'éruption.

75. Sources thermales et minérales. — Les *sources thermales* jaillissent avec une température toujours supérieure à celle des sources ordinaires. Elles se rencontrent sur des fentes du sol qui communiquent avec des terrains volcaniques d'où elles tirent leur chaleur. Toutes ces eaux renferment des substances minérales en dissolution, qu'elles laissent souvent déposer par le refroidissement. Les sources froides qui renferment des substances minérales se nomment *sources minérales ordinaires*.

Les principales sources thermales sont celles du mont Dore (Puy-de-Dôme), 45°; de Barèges (Hautes-Pyrénées), 48°; de Néris (Allier), 51°; de Cauterets (Basses-Pyrénées), 55°; d'Aix-la-Chapelle (Prusse rhénane), 61°; de Plombières (Vosges), 74°; de Chaudes-Aigues (Cantal), 80°; et les Geysers de l'Islande, 124°.

76. Sources incrustantes. — Les *sources incrustantes*, ou *pétrogéniques*, apportent de l'intérieur de la terre des éléments à la sédimentation. Les principales substances fournies par ces sources sont : le calcaire, la silice, le gypse, le chlorure de sodium, des composés ferrugineux. L'acide carbonique, qui se dégage abondamment dans les régions volcaniques, se combine à la chaux des roches, et le calcaire ainsi formé est entraîné par les eaux. Arrivé au contact de l'air, l'excès d'acide carbonique qui maintenait le carbonate de chaux en dissolution se

Fig. 34. — Grotte à stalactites et à stalagmites.

dégage et le calcaire se dépose (fig. 34); c'est ainsi que se forment les *stalactites* qui restent suspendues aux voûtes des grottes, et les *stalagmites* ou concrétions aux formes bizarres qui couvrent leur sol. La quantité de substances minérales ainsi produite est prodigieuse; les eaux de San-Filippo, en Italie, ont fait un dépôt de 2000 mètres de long sur 500 de large et 75 d'épaisseur, composé de carbonate de chaux, de sulfate de chaux et de sulfate de magnésie affectant une structure sphéroïdale.

La fontaine de Saint-Allyre, à Clermont-Ferrand, recouvre en peu de temps d'une couche calcaire les objets sur lesquels elle coule.

Une seule source, à Louèche (Suisse), entraîne annuellement quatre millions de kilogrammes, soit 1 620 mètres cubes de sulfate de chaux ou gypse. Les eaux de Norwich, en Angleterre, donnent par l'évaporation le quart de leur poids de chlorure de sodium, qu'elles ont dissout en traversant des couches salifères.

Les sources ferrugineuses donnent tantôt des dépôts de limonite ou peroxyde de fer hydraté, tantôt elles cimentent les sables et les graviers sur lesquels elles coulent, en formant des grès ou des poudingues ferrugineux.

77. Salses. — On donne le nom de *Salses* à des volcans boueux, dans lesquels les matières terreuses sont délayées dans une eau salée qui laisse échapper de grandes quantités d'hydrogène carboné, de pétrole et de naphte.

Les dépôts des *salses* sont des cônes argileux imprégnés de sel, dont le sommet, ouvert comme un petit cratère, donne des jets d'eau, de boue ou de gaz. Quelquefois ces cônes se dessèchent pendant un grand nombre d'années, et recommencent leurs éruptions à la suite de légers tremblements de terre.

Les salses les plus connues sont celles de Bakou, sur la mer Caspienne, et celles des Apennins, en Italie.

Lorsque les dégagements d'hydrogène carboné se produisent dans les eaux, on peut les recueillir et les utiliser pour le chauffage et l'éclairage ; ces sources, qui s'enflamment quelquefois, se nomment *fontaines ardentes ;* si le dégagement a lieu à la surface du sol et qu'on y mette le feu, on a les *terrains ardents,* communs entre Bologne et Florence.

78. Pétrole, Bitume. — Les sources de naphte et de pétrole se rattachent aux salses, et sont d'origine volcanique ; la distillation des combustibles tels que les houilles ou les lignites, à laquelle on les attribuait, ne suffirait pas à produire la quantité d'essences minérales que l'on rencontre dans le sol. On trouve dans l'Amérique du Nord, en creusant à une certaine profondeur, des nappes de pétrole comparables à des nappes d'eau par leur abondance. Une source de bitume visqueux émerge d'un rocher volcanique nommé le Puy de la Poix, près de Clermont-Ferrand ; il en coule également des flancs du Puy de Crouël, et des fissures des tufs volcaniques de Pont-du-Château (Puy-de-Dôme).

79. Mofettes. — L'acide carbonique se dégage abondamment des terrains volcaniques anciens; ces dégagements, nommés *mofettes*, se font tantôt dans l'air, tantôt dans l'eau. Les localités les plus connues sont : la grotte du Chien, près de Naples; les grottes de Royat, près de Clermont; les mines de Pontgibaud (Puy-de-Dôme) dans lesquelles le gaz est si abondant que, sans une ventilation énergique, le travail serait impossible. On trouve à Java un lieu nommé Vallée de la Mort, où les vapeurs acides asphyxient tous les animaux qui y sont attirés par sa riche végétation.

80. Phases de l'action volcanique. — L'action volcanique ne se manifeste pas toujours avec la même énergie. Dans la *première période*, le volcan est actif; il vomit des laves et des vapeurs sèches de chlorures et de fluorures. Dans sa *seconde période*, il ne donne pas de lave, mais produit les solfatares, les soffioni, les geysers, etc. Dans sa *troisième période*, il n'émet plus que des gaz tels que l'acide carbonique, l'hydrogène carboné, etc. Enfin l'action volcanique cesse complètement, mais elle peut se manifester de nouveau après un repos plus ou moins long.

DEUXIÈME PARTIE

EXAMEN SOMMAIRE DE L'ÉCORCE TERRESTRE

81. Origine probable de la terre. — Au commencement, dit la Bible, Dieu créa le Ciel et la Terre, c'est-à-dire les éléments qui devaient former l'univers, et soumit ces éléments à des lois immuables qui devaient régler leur organisation. Les géologues ont essayé bien des hypothèses pour expliquer les transformations subies par notre globe avant d'arriver à son état actuel; l'hypothèse la plus généralement admise est celle de Laplace. D'après ce savant, les éléments de la terre faisaient partie primitivement d'une nébuleuse dont les parties volatiles se condensèrent, en abandonnant une chaleur considérable qu'elles possédaient à l'état latent. La masse ignée s'arrondit peu à peu et se refroidit par le rayonnement; la surface se solidifia à la façon des laitiers des hauts fourneaux.

Une atmosphère épaisse de vapeurs de toute nature enveloppait le globe. Lorsque la chaleur eut diminué de plus en plus, les vapeurs tombèrent en pluie sur la terre et produisirent l'oxydation des métaux superficiels.

Les eaux couvrirent progressivement le sol et formèrent une mer universelle, peu profonde, qui, sous l'action combinée de l'eau, des agents chimiques qu'elles tenaient en dissolution et de la chaleur, désagrégèrent les parties supérieures des roches déjà consolidées et laissèrent déposer les premiers sédiments.

Les couches terrestres, peu épaisses, ne pouvaient pas résister aux efforts des gaz intérieurs, et d'immenses dislocations faisaient apparaître au-dessus des eaux des lambeaux déchirés qui devaient, en se soudant, devenir des continents.

Sous l'influence de ces gaz et des vides causés par le retrait, il se fit de nouvelles dislocations, des affaissements et des soulèvements, et, par ces nouvelles fissures, les roches éruptives s'élevaient en fusion et consolidaient, en se refroidissant, les masses brisées.

82. Roches. — On appelle *roche* toute masse minérale, pierreuse, molle ou pulvérulente, qui se trouve en assez grande abondance pour être considérée comme partie constituante du globe; le granit, l'argile, le sable sont des roches.

83. Division des roches. — Les roches dont se compose le globe sont d'origines bien différentes : celles qui se consolidèrent les premières sont appelées *roches primitives;* les masses en fusion qui jaillirent entre les fissures des roches primitives sont les *roches éruptives*, leurs éruptions ont eu lieu à toutes les époques; ces deux espèces de roches ne se présentent jamais en couches parallèles, mais en masses plus ou moins fissurées dans tous les sens, elles sont dites *non stratifiées*. On les nomme encore *plutoniques* ou *ignées*, parce qu'elles ont le feu pour origine.

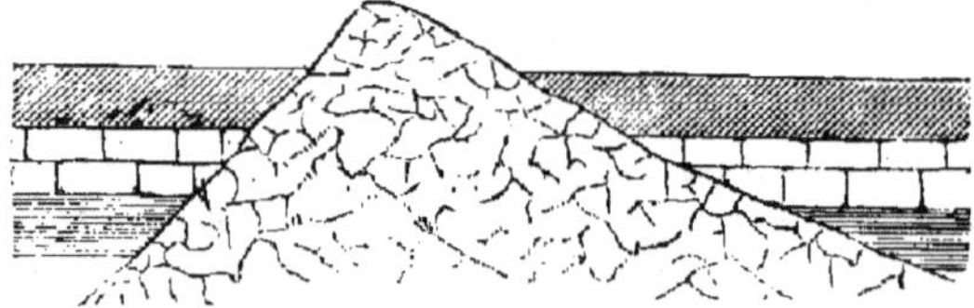

Fig. 35. — Roches éruptives et roches stratifiées.

Les roches qui se sont formées au sein des eaux sont toujours en couches, ordinairement parallèles; ce sont les *roches stratifiées, sédimentaires* ou *neptuniennes* (fig. 35).

84. Éléments constitutifs des roches non stratifiées. — Quelques roches sont formées d'un seul élément, mais la plupart résultent de la réunion d'un certain nombre de substances minérales. Les principaux éléments des roches non stratifiées sont : le quartz, les feldspaths, les micas, le talc, les chlorites, l'amphibole, le pyroxène.

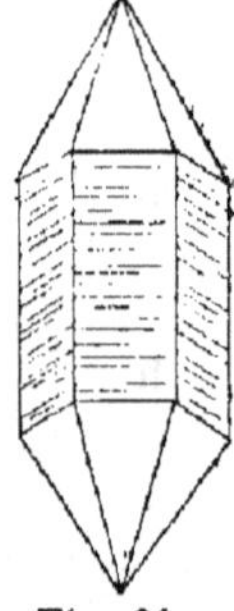

Fig. 36.
Quartz hyalin.

85. Quartz. — Le *quartz* ou cristal de roche (fig. 36) est de la silice pure, tantôt transparent et limpide, tantôt opaque et diversement coloré; il raye le verre et fait feu au briquet; il cristallise en prismes hexagonaux terminés par une ou deux pyramides hexagonales; on le trouve dans presque toutes les roches ignées.

86. Feldspath. — Les *feldspaths* (fig. 37) sont des silicates d'alumine et de potasse; cette dernière base est quelquefois remplacée par la soude ou la chaux. Ces corps sont blancs ou roses, moins durs que le quartz, dont ils se distinguent encore par leur éclat gras et leur fusibilité au chalumeau en un émail blanc. Leur forme cristalline est un prisme oblique à base rhombe. Le feldspath est très répandu dans les roches ignées, et se trouve à l'état de décomposition dans plusieurs roches sédimentaires.

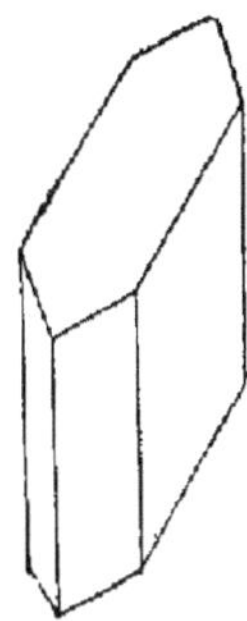

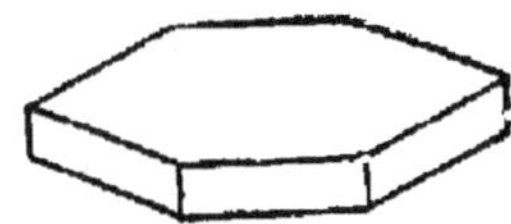

Fig. 37. — Cristal de feldspath orthose.   Fig. 38. — Mica cristallisé.

87. Micas. — Les *micas* (fig. 38) sont des silicates d'alumine, de potasse, d'oxyde de fer et de magnésie. Ces corps lamelleux, divisibles en feuillets minces et élastiques, souvent transparents, sont dorés, argentés, bronzés, rouges, violets, verts, etc.; ils rayent le gypse, mais sont rayés par le carbonate de chaux. Leur forme cristalline la plus ordinaire est un prisme hexagonal très surbaissé. Les micas sont abondants dans la plupart des roches primitives et des roches ignées.

88. Talc. — Cette substance se présente sous forme de feuillets minces, mous, flexibles, mais non élastiques; sa poussière est douce et onctueuse au toucher; c'est le moins dur de tous les minéraux. Le talc est un silicate de magnésie et de fer hydraté.

89. Chlorites. — Les *chlorites* sont des substances intermédiaires entre le talc et les micas; elles sont ordinairement en masses vertes, feuilletées ou cristallines, flexibles, mais peu élastiques. Les chlorites, très abondantes dans les Alpes, sont des silicates hydratés d'alumine, de fer oxydulé et de magnésie.

90. Amphiboles.— Les *amphiboles* (fig. 39), qui peuvent être blanches (trémolite, amiante), vertes (actinote), ou noires (hornblende), sont des silicates de magnésie et de chaux auxquels s'ajoute le fer dans les espèces vertes et noires. L'amphibole entre dans la composition d'un grand nombre de roches.

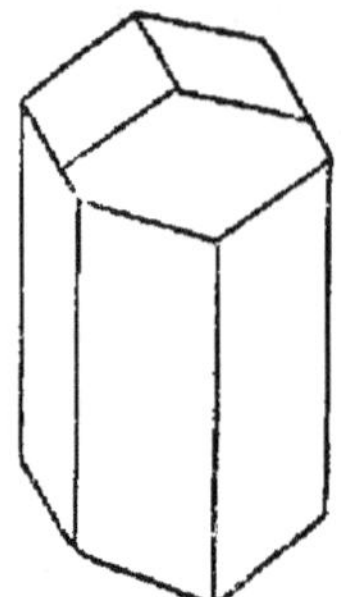

Fig. 39. — Amphibole hornblende.

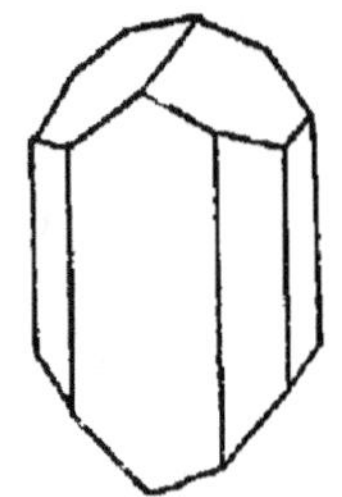

Fig. 40. — Pyroxène augite.

91. Pyroxènes. — Les *pyroxènes* (fig. 40) sont des bisilicates de magnésie et de chaux, de fer ou d'alumine; ils sont blancs, verts, mais surtout noirs; l'*augite* ou pyroxène noir est l'espèce la plus commune.

Outre ces espèces importantes, qui sont les éléments constitutifs de la plupart des roches, on cite encore la topaze, la tourmaline, le grenat, l'épidote, comme éléments essentiels de quelques roches.

CHAPITRE V

ROCHES PRIMITIVES

92. Caractères généraux. — Les roches qui se consolidèrent les premières à la surface du globe en fusion affectent une forme rubanée qu'il ne faut pas confondre avec la stratification des roches sédimentaires; elles ont en outre une structure cristalline attribuée à leur refroidissement au contact des eaux de la mer primitive, ce qui leur a fait donner le nom de *roches cristallophylliennes.*

Ces roches se divisent, d'après leur superposition, en quatre groupes principaux : les *gneiss*, les *micaschistes*, les *talcschistes* et les schistes *chloriteux*.

93. Gneiss. — Les *gneiss* sont des roches formées de quartz, de feldspath et de mica noir. Ces trois éléments sont disposés en couches parallèles de couleur tranchée, le quartz et le feldspath formant des masses blanchâtres et grenues séparées par les feuillets abondants de lamelles de mica.

Ces roches se trouvent en nappes tantôt horizontales, tantôt relevées, brisées ou plissées. Le gneiss est fréquemment traversé par des roches éruptives, mais n'en traverse lui-même aucune.

Fig. 41. — Gneiss.

94. Micaschistes. — Les *micaschistes*, qui recouvrent souvent les gneiss, ont la même structure que ces roches, dont ils se distinguent par une plus grande proportion de mica et par l'absence du feldspath, qui domine dans le gneiss.

95. Talcschistes. — Les *talcschistes*, dont l'aspect rappelle celui des micaschistes, sont des roches feuilletées, douces au toucher, formées de talc rarement pur, de feldspath, de quartz et quelquefois de mica.

96. Schistes chloriteux et schistes amphiboliques. — Ces schistes, très abondants, sont des masses vertes plus ou moins foncées, colorées tantôt par la chlorite, tantôt par l'amphibole.

CHAPITRE VI

ROCHES ÉRUPTIVES

97. Caractères généraux. — Les *roches éruptives* sont des masses à structure cristalline dans lesquelles on ne trouve jamais de traces de stratification ; au lieu de s'étendre en couches horizontales comme les roches sédimentaires, elles remplissent des fentes qui s'étaient produites dans les terrains traversés. Avant de se consolider, ces masses en fusion ont formé des filons, des veines, des amas, des dômes, des coulées (fig. 42). On n'y trouve jamais de traces végétales ou animales. Les roches éruptives ont paru à toutes les époques, quelques-unes se sont épanchées pendant très longtemps, d'autres, au contraire, n'ont eu que des éruptions de courte durée.

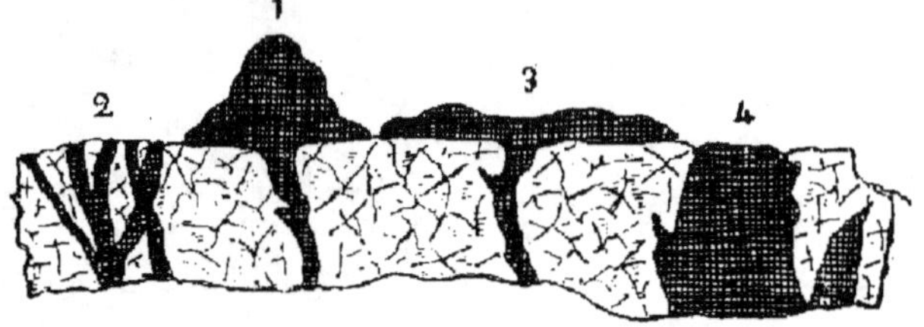

Fig. 42. — Aspect des roches éruptives.
1, Dôme ; 2, Filons ; 3, Coulée formant un plateau ; 4, Amas.

Les éléments minéralogiques de ces roches sont ordinairement les mêmes que ceux des roches primitives.

98. Division des roches éruptives. — D'après l'ordre de leur apparition, on divise les roches éruptives en *roches éruptives anciennes*, à structure franchement cristalline, et en *roches récentes* ou volcaniques.

Les premières sont : les roches *granitiques*, les roches *porphyriques*, les roches *amphiboliques* et les *roches serpentineuses*.

Les roches récentes sont : les roches *trachytiques*, les roches *basaltiques*, fournies par les anciens volcans, et les roches *laviques* qui sont vomies par les volcans modernes.

99. Roches granitiques. — Ces roches ont une structure grenue qui permet de distinguer à la simple vue les éléments dont elles sont composées ; les principales sont : le *granit*, la *syénite*, la *protogine* et la *pegmatite*.

Granit. Le *granit* a pour éléments le quartz, le feldspath et le mica, solidement agrégés et formant une roche très dure. Suivant la grosseur de leurs éléments, on divise les granits en trois variétés principales : le *granit à grains fins*, le *granit normal*, dont les éléments sont de grosseur moyenne, et le *granit porphyroïde*, remarquable par les beaux cristaux de feldspath qu'il renferme.

On donne le nom de *granulite* à une variété de granit à mica blanc et à grain fin ; leur couleur dominante est le rose chair.

Le granit est la roche éruptive la plus abondante ; on le

trouve dans le plateau central de la France, en Bretagne, dans les Vosges, dans les Alpes, etc.

Syénite. La *syénite,* qui tire son nom de Syène, en Égypte, où les anciens l'exploitaient, est un granit riche en feldspath dans lequel le mica est remplacé par l'amphibole noire. Elle est abondante en Suède, dans les Vosges et dans les monts du Beaujolais.

Protogine. La *protogine* ou granit talqueux, qui forme la partie centrale du mont Blanc et une partie des Alpes, est un granit dont le mica ressemble au talc et à la chlorite.

Pegmatite. La *pegmatite* est un granit à gros éléments, dans lequel le mica peut disparaître ou se présenter sur quelques points en larges lames.

La *pegmatite graphique,* ordinairement dépourvue de mica, renferme du quartz dont les lignes brisées imitent grossièrement les caractères hébraïques.

C'est la décomposition du feldspath de ces roches qui produit le *kaolin* ou argile à porcelaine. Les pegmatites forment des filons, des amas dans les granits, mais ne constituent jamais de puissantes masses.

100. Roches porphyriques. — Le caractère ordinaire des roches porphyriques est d'être formées d'une pâte feldspathique brune, verte ou rougeâtre, renfermant des cristaux de feldspath de couleur claire, tranchant généralement sur le fond de la roche. On peut y trouver des grains de quartz, mais jamais de mica.

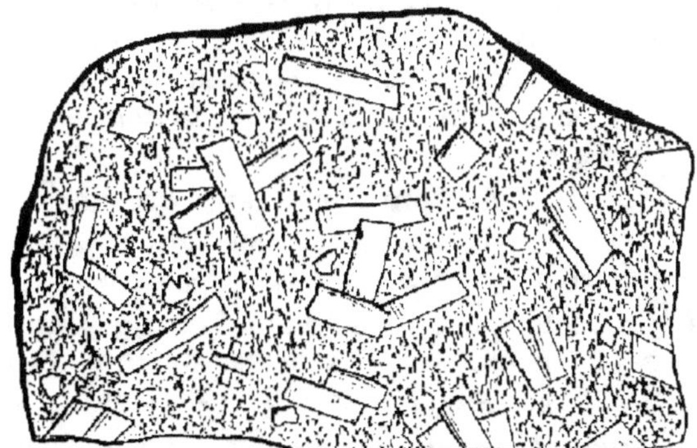

Fig. 43. — Porphyre vert antique.

Les plus communes sont : le *porphyre* ordinaire et le *prasophyre* ou porphyre vert antique, très employé par les Romains.

Les porphyres quartzifères sont connus sous le nom d'*elvan*. Ces roches, quoique assez communes, sont cependant moins répandues que les roches granitiques.

101. Roches amphiboliques. — Les éléments de ces roches sont l'amphibole, noire ou verte, mélangée avec le feldspath albite; leur texture est tantôt granitoïde, tantôt porphyroïde.

Les principales espèces sont : la *diorite* et l'*amphibolite*.

Diorite. Cette belle roche verte et blanche est formée en parties à peu près égales d'amphibole et de feldspath d'un blanc mat.

Amphibolite. L'*amphibolite* renferme l'amphibole noire ou hornblende en si grande quantité, qu'elle peut être considérée comme une amphibole en masse.

102. Roches serpentineuses. — Ces roches, dont les éléments sont la serpentine, la diallage et quelquefois le feldspath, sont ordinairement douces au toucher. Quelques espèces sont assez tendres pour être travaillées au tour. La plus importante est la *serpentine* ou *ophite*.

Serpentine. Cette roche est un silicate de magnésie hydratée compact, vert, brun, jaune, quelquefois veiné par des zones de couleurs différentes. Les serpentines de nuances claires et uniformes sont dites *nobles;* elles se mélangent dans les Alpes avec le calcaire blanc et forment le *marbre vert antique*.

103. Roches trachytiques. — Roches ordinairement rugueuses et âpres au toucher, formées essentiellement de feldspath grenu ou vitreux.

Ces roches, qui jouent un rôle important dans les formations volcaniques anciennes, sont : le *trachyte*, la *domite*, les *phonolites*, l'*obsidienne*, etc.

Trachyte. Les *trachytes* sont des masses grenues celluleuses, blanchâtres, grisâtres ou rosées, renfermant souvent de beaux cristaux de feldspath vitreux.

Domite. Cette roche est un trachyte terreux à grains fins faiblement agrégés, formant toute la masse du Puy-de-Dôme.

Phonolite. Les *phonolites* sont des trachytes compacts qui se divisent facilement en plaques sonores, employées pour les toitures dans le mont Dore.

Obsidienne. L'*obsidienne* ou verre des volcans, est un trachyte fondu, noir ou brun, dont l'aspect rappelle celui des scories vitreuses des hauts fourneaux.

La *ponce* est une obsidienne boursouflée, fibreuse, légère, grise ou blanche, présentant un éclat vitreux ou soyeux; on la trouve abondamment aux îles *Lipari*.

104. Roches basaltiques. — Ces roches, composées de feldspath labrador et de pyroxène augite, contiennent ordinairement du fer oxydulé et des grains ou des noyaux de péridot olivine.

Elles sont lourdes, de couleur noire ou foncée, et sont ordinairement massives.

La plus connue de ces roches est le *basalte*.

Basalte. Les *basaltes* sont des roches noires ou bleuâtres riches en aimant, et qui se font remarquer par la puissance et l'étendue de leurs coulées. Ces coulées ont pris, par le retrait, au moment de leur consolidation, la forme prismatique, que l'on rencontre à Espaly, près le Puy, sur les plateaux basaltiques d'Auvergne, dans les chaussées des géants et dans

Fig. 44. — Colonnes basaltiques de l'île de Staffa (îles Hébrides).

les colonnades de Staffa (fig. 44), aux îles Hébrides. Une couche abondante de scories noires ou brunes recouvre souvent les coulées.

105. Roches laviques. — Ces roches sont les produits des volcans actuels : les unes sont rejetées en fusion, les autres à l'état do matériaux pulvérulents qui peuvent se consolider plus tard.

Laves. On réserve le nom de *laves* aux masses fondues qui s'écoulent du cratère pendant les éruptions; leur aspect et leur composition sont très variables. Leurs débris constituent les *scories*, les *lapillis*, les *pouzzolanes*, exploités comme sable dans les pays volcaniques.

Les *bombes volcaniques* sont des fragments de lave boursouflée lancés en l'air à l'état de fusion; ces matières s'arrondissent, se refroidissent et retombent sur les flancs de la montagne. L'intérieur de ces bombes renferme souvent des minéraux de nature différente.

Les cendres consolidées par un ciment quelconque constituent une roche nommée *cinérite*.

Les débris volcaniques, formant pâte avec l'eau, s'endurcissent et deviennent les *tufs volcaniques*.

FILONS

106. Définition. — Les *filons* sont des substances minérales non stratifiées, remplissant des fentes préexistantes dans des roches d'une nature différente (fig. 45).

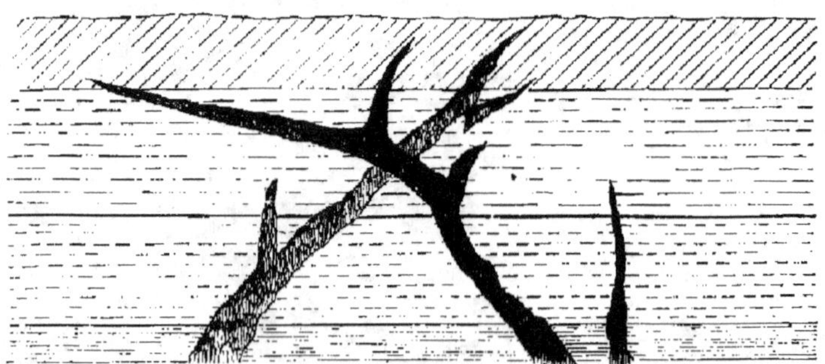

Fig. 45. — Filons.

On distingue dans un filon le *mur* ou face inférieure, et le *toit* ou face supérieure. La *puissance* ou l'épaisseur du filon est la distance du mur au toit; elle peut varier depuis quelques centimètres jusqu'à 40 ou 50 mètres.

107. Division des filons. — Les *filons ordinaires* traversent des roches quelconques; les *filons de contact* sont intercalés entre une roche éruptive et des roches stratifiées et sont ordinairement riches en espèces minérales.

On nomme *filons croiseurs* des filons qui en coupent d'autres; ils servent à déterminer l'âge relatif de chacun d'eux, car tout filon qui en coupe un autre est plus récent que cet autre (fig. 46).

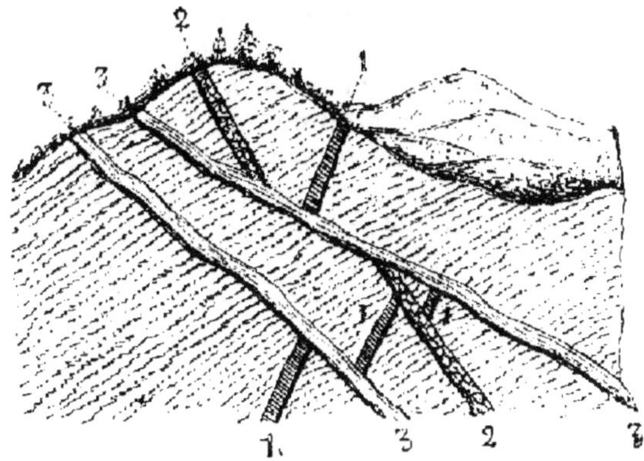

Fig. 46. — Filons croiseurs.

1, Filon d'étain; 2, Filon de cuivre coupant le filon d'étain; 3, Filons argileux coupant les filons 1 et 2.

108. Remplissage des filons. — Les filons ont été remplis de *bas en haut* de deux manières différentes; les uns sont dits *injectés*, les autres *concrétionnés*. Les filons *injectés* ou *éruptifs* sont formés par des roches éruptives telles que le granit, le porphyre, la serpentine, le basalte, etc.; des métaux sont quelquefois mêlés avec ces roches et peuvent être exploités; le fer chromé, le fer oxydulé s'y trouvent fréquemment.

Dans les filons *concrétionnés*, les éléments sont appliqués en bandes symétriques contre les parois de la fente et peuvent présenter un milieu libre tapissé de cristaux.

Ce sont les sources thermales ou les émanations gazeuses qui apportent les métaux, soit en dissolution, soit en vapeurs; ils sont ordinairement à l'état de chlorures, de sulfures, d'arséniures.

109. Filons métallifères. — Un filon métallifère se compose de deux parties : la *gangue* ou partie pierreuse, et le *minerai* ou partie métallique; tout filon qui ne contient que de la gangue est un *filon stérile*, c'est le cas des filons injectés, dans lesquels la gangue est la roche éruptive elle-même.

Dans les filons concrétionnés, les gangues les plus communes sont : la silice à l'état de quartz hyalin, d'agate, de jaspe, etc.; la barytine, le spath fluor, le calcaire, la dolomie, des argiles, etc.

Le *minerai* est la roche métallifère susceptible d'exploitation; sa distribution dans le filon est souvent très irrégulière. La partie supérieure du filon est ordinairement transformée par l'action de l'air et de l'eau en minerais plus riches et plus faciles à exploiter que ceux qui sont au-dessous; cette partie transformée se nomme *chapeau de mine*.

Il faut qu'un minerai contienne un minimum de richesse au-dessous duquel l'exploitation serait ruineuse; ce minimum varie selon la nature, le prix du métal, les difficultés de l'extraction. Les proportions généralement admises sont les suivantes : fer $1/3$, plomb $1/30$, zinc $1/20$, cuivre $1/50$, argent $1/1000$, or $1/10000$.

CHAPITRE VII

ROCHES SÉDIMENTAIRES OU STRATIFIÉES

110. — Les *roches sédimentaires* sont ainsi nommées parce qu'elles se sont déposées au sein des eaux; elles sont divisées par bandes ou strates parallèles, ce qui leur a fait donner le nom de *roches stratifiées*.

Article 1. — Formation des roches sédimentaires.

111. Sédimentation. — On donne le nom de sédimentation à la formation au sein des eaux de roches stratifiées. Ces dépôts aqueux peuvent être de deux sortes : les uns sont *marins*, et se reconnaissent aux débris organiques marins qu'ils renferment; les autres sont d'*eau douce*, et se sont formés dans les fleuves, les étangs, les marais, les lacs, etc.; ils ne contiennent que des débris de plantes et d'animaux vivant dans les eaux douces ou sur leurs bords.

112. Sédimentations diverses. — La sédimentation peut se faire de trois manières différentes ; elle peut être : 1° *mécanique ;* 2° *chimique ;* 3° *organique.*

113. Sédimentation mécanique. — Il y a trois périodes dans cette espèce de sédimentation :

1° La *désagrégation,* par les agents atmosphériques, des roches et des terres du bassin géographique ;

2° Le *transport,* par les eaux, des matières ainsi désagrégées ;

3° Le *dépôt* ou la *précipitation* de ces matières dans les bassins d'eau douce ou d'eau salée au sein desquels se forment les couches.

Les principales roches stratifiées qui se déposent ainsi sont :

1° Les *sables,* formés de petits grains de quartz qui n'adhèrent jamais entre eux, les *graviers,* les *galets,* de plus grandes dimensions.

On trouve souvent dans ces dépôts d'alluvions des fragments d'or, d'argent, de platine, de fer, d'étain, etc.

Ces dépôts peuvent plus tard s'agglutiner par un ciment siliceux, calcaire ou ferrugineux. Selon la grosseur et la forme des fragments, ces nouvelles roches sont des *grès,* lorsqu'elles sont composées de petits grains quartzeux ; des *arkoses,* lorsque les grès sont formés de quartz et de feldspath ; des *mollasses,* lorsque le grès est mélangé d'argile et de calcaire.

Les *conglomérats* sont constitués par des fragments plus **gros** ; on nomme *poudingues,* ceux dont les galets sont arrondis, et *brèches,* ceux qui sont composés de débris anguleux.

2° **Argiles.** Les *argiles* sont des masses terreuses, fines, diversement colorées, inattaquables par les acides et happant fortement à la langue. Elles proviennent de la décomposition des feldspaths, et se rencontrent au pied de toutes les montagnes granitiques.

Le *kaolin,* argile blanche et pure, sert à la fabrication des porcelaines ; les argiles communes sont transformées en briques, tuiles, etc.

Les *marnes* sont un mélange naturel d'argile et de calcaire employé en agriculture pour l'amendement des terres.

Les *limons* ou *lehms* sont des marnes calcaires et siliceuses.

114. Sédimentation chimique. — Les dépôts d'origine chimique sont les résultats de réactions produites au sein des eaux, soit par des vapeurs diverses, soit par des eaux minérales.

Les principales roches stratifiées que l'on peut attribuer à l'action chimique sont :

Le *sel gemme*, qu'on trouve souvent en filons ou en couches au milieu des argiles.

Le *gypse*, ou pierre à plâtre, dont les variétés grenues sont appelées *albâtre*, et l'*anhydrite*, ou sulfate de chaux anhydre, employé comme marbre.

Les *calcaires*, *tufs* et *travertins*, déposés par les sources.

Les *dolomies*, masses calcaires imprégnées de carbonate de magnésie.

Les *roches siliceuses*, comprenant les *agates* concrétionnées et translucides, les *jaspes* opaques mais à couleurs vives et variées, les *silex* ou pierre à fusil, durs et compacts, et les *meulières* à texture celluleuse employées pour faire les meules de moulin.

Les *minerais de fer*, surtout le fer *limonite* ou peroxyde de fer hydraté et le fer *oligiste* ou peroxyde de fer anhydre en couches régulières; le fer *carbonaté* lithoïde, en amas dans les terrains houillers;

Les *argiles réfractaires*, isolées en amas dans des sables blancs, et les argiles chimiques, que l'on trouve souvent dans les filons.

115. Sédimentation organique. — Les dépôts de cette nature peuvent être d'*origine animale* ou d'*origine végétale*.

Calcaire. La plus importante des formations d'origine animale est le *calcaire*, ou carbonate de chaux, qui présente un grand nombre de variétés, dont les principales sont :

Les *marbres* saccharoïdes ou cristallins de Carrare ; les marbres de toutes nuances, colorés par des oxydes métalliques ou des dépôts organiques.

Les *calcaires lithographiques*, à grains fins, employés pour la lithographie et la gravure.

Les *calcaires oolithiques*, formés de petits grains à couches concentriques.

Les *calcaires à polypiers*, constituant de puissantes couches.

Les *calcaires marneux*, donnant par la calcination les chaux hydrauliques et les ciments.

Les *calcaires grossiers* et les *calcaires compacts*, employés pour les constructions.

Les *calcaires à nummulites*, presque entièrement composés de débris de ces foraminifères.

La *craie*, roche blanche, tendre, traçante, dont presque tous les éléments sont d'origine organique (fig. 47).

Fig. 47. — Parcelles de craie de Meudon vue au microscope.

Les dépôts d'origine végétale sont les *tripolis* et les *combustibles*.

Tripolis. Les *tripolis*, ou farine fossile, sont constitués par des débris de diatomées, petites algues à enveloppes siliceuses dont la composition est celle de la silice hydratée ou semi-opale.

Combustibles. Les combustibles minéraux sont la *tourbe* et le *lignite*, qui conservent souvent l'apparence des végétaux qui les composent; la *houille* et l'*anthracite*, dans lesquels les caractères végétaux sont moins évidents que dans les premiers.

116. Structure des roches sédimentaires. — Les roches sédimentaires, considérées en masses, sont stratifiées, c'est-à-dire disposées en couches; mais, étudiées dans le détail de leur structure, elles peuvent être *schisteuses* ou feuilletées, *compactes, oolithiques*, c'est-à-dire composées de grains imitant une masse d'œufs de poissons, ou affecter les formes de *rognons*, de *concrétions*, etc.

Article 2. — Stratification.

117. Stratification. — Les roches sédimentaires se sont généralement déposées en couches parallèles et horizontales; mais les dislocations du sol, les soulèvements et les affaissements ont dérangé cette horizontalité sans détruire le parallélisme des strates. Par suite de ces bouleversements, les couches peuvent être redressées, brisées, ondulées; mais, comme elles sont toujours parallèles, on dit qu'elles sont en *stratification concordante* (fig. 48). Lorsque de nouveaux sédiments viennent se déposer sur ces couches ainsi dérangées, les nouvelles

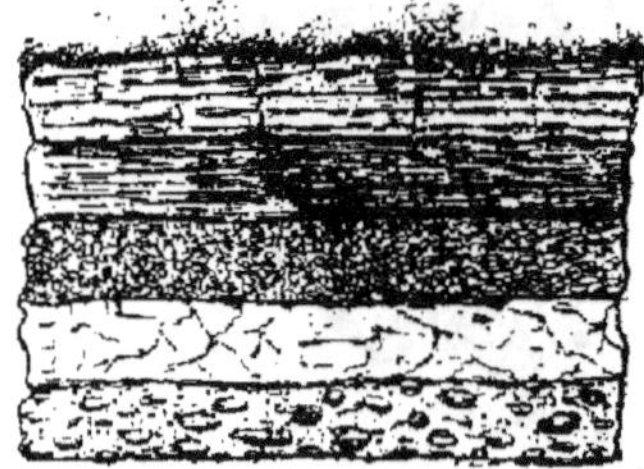 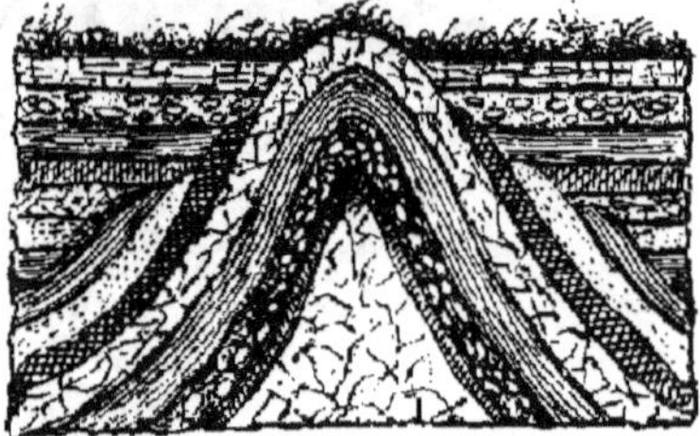

Fig. 48. — Stratification concordante. Fig. 49. — Stratification discordante.

couches ne sont plus parallèles avec les anciennes et constituent une *stratification discordante* (fig. 49). Une discordance de stratification sera toujours l'indice d'une différence d'âge dans le dépôt.

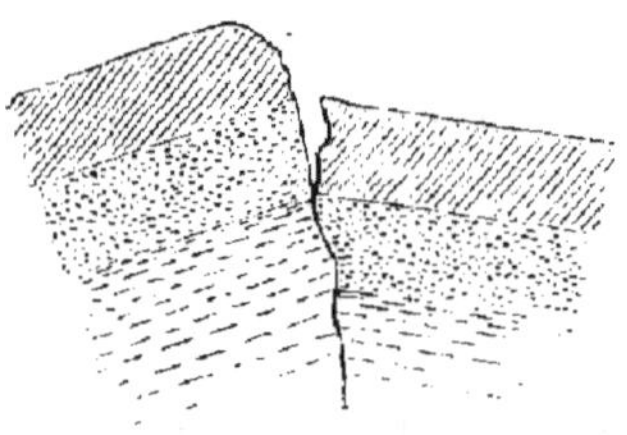

Fig. 50.
Fracture avec faille simple.

118. Failles. — Dans les mouvements du sol, il se produit des cassures qui peuvent atteindre une largeur et une profondeur considérables; on nomme *failles* ces dislocations, qui sont accompagnées d'un changement de niveau dans des couches qui se continuaient primitivement (fig. 50). Quelquefois les deux parties se rejoignent immédiatement, quoique les mêmes couches se trouvent à des niveaux très différents; d'autres fois, la fente reste béante, ou se remplit de débris des roches voisines. Lorsque ces fentes sont remplies plus tard par des matières éruptives, elles deviennent un *filon faille*.

On rencontre quelquefois plusieurs failles parallèles (fig. 51);
d'autres fois, elle se coupent suivant des angles plus ou moins
obliques.

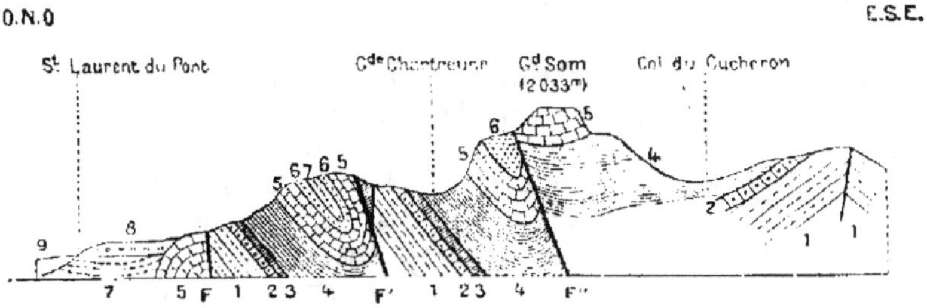

Fig. 51. — Failles et plissements de terrain dans les montagnes
de la Grande-Chartreuse, d'après M. Lory.

Lorsque les parois d'une faille glissent l'une contre l'autre,
elles se polissent et donnent les *miroirs* qu'on rencontre souvent dans les mines.

CHAPITRE VIII

FOSSILISATION

119. Définition. — On nomme *fossiles* des restes d'animaux
ou de végétaux qui ont perdu leur nature organique et qu'on
trouve au milieu des dépôts sédimentaires.

La science qui s'occupe de l'étude des fossiles est la *paléontologie.*

120. Formation des fossiles. — Les transformations que les
substances organisées peuvent subir dans les couches terrestres
se nomment *fossilisation.*

Il y a plusieurs phases dans la fossilisation d'un être organisé :
le corps tombe au fond de l'eau; les parties molles se décom-
posent et disparaissent; la vase, l'argile recouvrent les parties
résistantes, qui servent de centre à des actions chimiques
ayant pour effet de transformer, molécule par molécule, la matière organique en substances minérales, jusqu'à ce que la pétri-
fication soit complète.

Quelquefois le limon et le calcaire empâtent les ossements, les coquilles, etc., et les conservent presque sans transformation : c'est le cas de la plupart des animaux des cavernes. Il ne faut pas confondre ces *incrustations*, qui ne sont que superficielles, avec les véritables *pétrifications*.

121. Parties des plantes et des animaux qui se fossilisent. — On ne trouve presque jamais les chairs, les cornes, les poils, les plumes, les parties molles des plantes à l'état fossile ; mais on rencontre abondamment les os, les dents, les coquilles, la carapace des crustacés, des échinides, les polypiers ; on trouve aussi des coprolites ou excréments fossiles d'hyène, d'icthyosaures, etc., des bois, des feuilles, des fruits non charnus. Des forêts entières ont été fossilisées ; les environs d'Autun et ceux du Caire sont riches en troncs d'arbres silicifiés, qui ont conservé tous les détails de leur structure primitive.

Le *succin* ou ambre jaune, résine fossile de l'époque tertiaire, renferme souvent des insectes d'une conservation parfaite.

Outre les fossiles proprement dits, on trouve quelquefois des traces ou vestiges d'êtres organisés qui ont, en paléontologie, une valeur égale à celle des fossiles eux-mêmes ; c'est ainsi qu'on rencontre des empreintes de pieds d'oiseaux et de reptiles, des pistes d'annélides, des trous de coquilles perforantes, etc.

122. Matières fossilisantes. — La *silice* est le corps fossilisant

Fig. 52. — Fossiles terrestres (1), d'eaux douces (2) et marines (3).

par excellence des bois, des polypiers, des mollusques, des échinides de la craie ; mais la substance qui s'est le plus souvent substituée à la matière organique est le *calcaire;* on rencontre aussi des fossiles transformés en pyrite, en fer limonite, en fer oligiste terreux, etc.

123. Faune et flore fossiles. — L'ensemble des animaux et des plantes qui ont vécu pendant une période géologique constitue la *faune* et la *flore fossiles* de cette période.

Les fossiles sont dits *marins, d'eaux douces,* ou *terrestres* suivant le milieu dans lequel vivaient l'animal ou la plante fossilisés (fig. 52).

On appelle *fossiles en place* ceux que l'on trouve dans les couches mêmes où ils ont été formés, et *fossiles remaniés* ceux que les eaux ont entraînés avec les terrains qui les renfermaient et déposés dans de nouveaux sédiments.

124. Gisement des fossiles. — Les roches éruptives ne présentent jamais de fossiles; on ne peut les rencontrer que dans les couches sédimentaires; quelques-unes, comme la craie, le tripoli, en sont presque entièrement formées; d'autres, au contraire, n'en possèdent que fort peu.

CHAPITRE IX

MÉTAMORPHISME

125. Définition. — Le *métamorphisme* est la transformation de texture ou de composition qu'ont éprouvée les dépôts sédimentaires sous l'influence d'agents divers dont les principaux sont la chaleur et la pression. Les sources thermales et minérales, les dégagements de gaz et de vapeur, peuvent aussi agir comme agents métamorphiques.

126. Effets du métamorphisme. — Les roches ignées, comme les basaltes, agissent sur les roches sédimentaires qu'elles traversent ou recouvrent, mais leur action n'est pas très étendue; c'est ainsi que les filons basaltiques d'Antrim, en Irlande, ont transformé la craie en marbre saccharoïde sur une épaisseur de 3 mètres (fig. 53).

James Hall reproduisit cet effet dans les laboratoires en chauffant de la craie dans un tube de fer fortement scellé.

Au passage de ces roches éruptives les gneiss sont fondus; les houilles sont transformées en coke, et les argiles en briques.

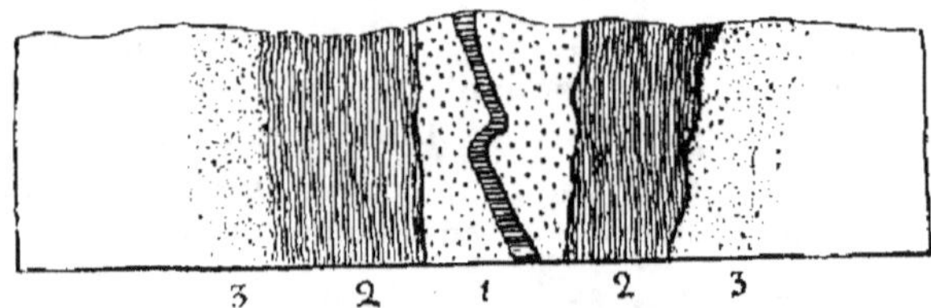

Fig. 53. — Métamorphisme de la craie à Antrim (Irlande).
1, Filon basaltique; 2, 2, Craie transformée en marbre; 3, 3, Craie de moins en moins transformée.

Les éruptions granitiques et porphyriques ont une action plus énergique encore; les schistes argileux sont silicifiés jusqu'à plusieurs centaines de mètres de la masse éruptive; les calcaires se [remplissent de substances nouvelles, telles que le grenat, l'idocrase, le mica, etc.

Les roches schisteuses et les calcaires violemment comprimés dans les mouvements du sol deviennent cristallins et subissent ainsi un métamorphisme mécanique. Les argiles se changent en ardoises.

127. Roches métamorphiques. — Toutes les roches ainsi modifiées constituent une troisième espèce de roches nommées *roches métamorphiques*. On regardait autrefois les gneiss et les micaschistes comme appartenant à ce groupe.

CHAPITRE X

MONTAGNES ET VALLÉES

128. Définition. — Les *montagnes* sont des élévations plus ou moins considérables au-dessus des plaines.

Une *chaîne* est une réunion de montagnes qui se suivent dans une même direction. La direction des chaînes est toujours celle de leurs arêtes : c'est ainsi que les Pyrénées ont une direction O. 18° N.; les Alpes du Valais sont E. 16° N.; les Alpes occidentales sont N. 26° E.

129. Formation des montagnes. — Quelques géologues

pensent que les montagnes se sont soulevées lentement comme le fait aujourd'hui le nord de la Suède; d'autres, parmi lesquels on cite Élie de Beaumont, attribuent leur formation à des soulèvements brusques et violents.

Selon ces auteurs, le noyau central se contracte plus rapidement que l'écorce terrestre, il en résulte des vides qui produisent la rupture des couches supérieures et l'affaissement de quelques-unes de leurs parties qui pressent les masses en fusion et les font jaillir par les crevasses. En se consolidant, ces matières soutiennent les strates relevées d'un côté et forment ainsi les montagnes.

On peut attribuer à des *érosions* la formation de quelques *buttes* ou de quelques collines peu élevées, telle que celle de Montmartre, qui paraît être le reste d'un plateau corrodé par les eaux.

130. Époque des soulèvements. — L'âge relatif des montagnes se reconnaît en comparant les couches relevées qui les forment avec les couches horizontales des plaines qui sont à leurs pieds. On peut affirmer que l'apparition de la montagne doit se placer après la formation des couches soulevées et avant le dépôt des couches horizontales; il ne reste plus qu'à déterminer l'âge de ces

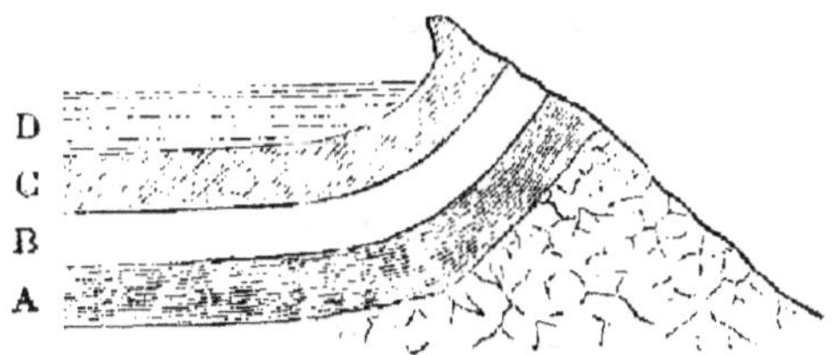

Fig. 54. — Soulèvement des montagnes.
A, B, C sont en stratification concordante et représentent les couches soulevées par la roche éruptive; D, qui est en stratification discordante a été déposé après le soulèvement.

strates, ce qui se fait ordinairement par l'examen des fossiles.

C'est par des recherches de cette nature qu'on a constaté que les Pyrénées sont plus anciennes que les Alpes, et que les Alpes occidentales ont été soulevées après les Alpes du Valais.

Élie de Beaumont a reconnu qu'il existe des rapports réels entre la direction des chaînes de montagnes et leur âge relatif, c'est ce qu'il a énoncé dans la loi suivante :

Les chaînes de montagnes de même âge sont généralement parallèles, tandis que les chaînes de direction différente appartiennent à des époques distinctes.

La réciproque de cette loi n'est pas toujours exacte.

En se basant sur ces diverses observations, ce savant géologue a classé les *principaux systèmes de montagnes* par époque d'apparition : ces systèmes sont indiqués dans la classification des terrains.

131. Intensité des soulèvements. — Les *soulèvements* ont produit des effets en général d'autant plus grands qu'ils sont plus récents; l'écorce terrestre soulevée pendant les premières périodes était peu épaisse, et les reliefs de cette époque sont sans importance : les montagnes de la Bretagne, de la Vendée, le plateau central de la France en sont des exemples; mais à mesure que les couches s'épaississaient, les reliefs devenaient plus accentués; c'est ainsi que les Pyrénées, qui parurent au commencement des terrains tertiaires, ont jusqu'à 3000 mètres d'altitude; les Alpes, qui datent de la fin des mêmes terrains, ont 4000 mètres, et les Andes, dont l'apparition est presque moderne, ont de 5 à 6000 mètres.

132. Utilité des montagnes. — Les montagnes sont utiles à plusieurs points de vue :

1° Elles sont les réservoirs des sources, soit par les masses d'eau qui remplissent les cavités de leurs flancs, soit par les neiges ou par les glaces qui couvrent leurs sommets;

2° Elles donnent sous la même zone une grande variété de produits suivant leur altitude; c'est ainsi que certaines montagnes du Mexique présentent à leur base la végétation équatoriale; dans leurs parties moyennes, les végétaux des régions tempérées, et sur leurs sommets neigeux, les plantes alpestres ou du nord des continents;

3° Les montagnes renferment dans leur sein presque tous les métaux exploités;

4° Elles sont des limites naturelles placées par la Providence pour séparer les peuples.

VALLÉES

133. Définition. — Une *vallée* est une dépression du sol entre des montagnes, des collines ou sur des plateaux.

134. Formes. — Les vallées ont des formes très différentes : les unes sont élargies, d'autres sont resserrées, encaissées et profondes; elles ressemblent presque toujours à un entonnoir dont la partie élargie se trouve à l'origine supérieure de la vallée, et la partie la plus étroite à l'extrémité inférieure.

Une vallée est appelée *transversale* lorsqu'elle est perpendiculaire à une chaîne de montagnes; et *longitudinale* lorsqu'elle sépare des chaînes parallèles.

Les vallées du Rhône et de la Saône sont longitudinales; elles séparent le Jura et les Alpes des Cévennes et de la Côte d'or; les vallées du Doubs, de l'Isère, de la Durance, de l'Ardèche et du Gard sont transversales.

135. Origine des vallées. — On attribue la formation des vallées à différentes causes qui les font diviser en *vallées orographiques* et en *vallées d'érosion.*

136. Vallées orographiques. — Ces vallées comprennent les vallées de *fracture* ou de *dislocation* (fig. 55) et de *ploiement*

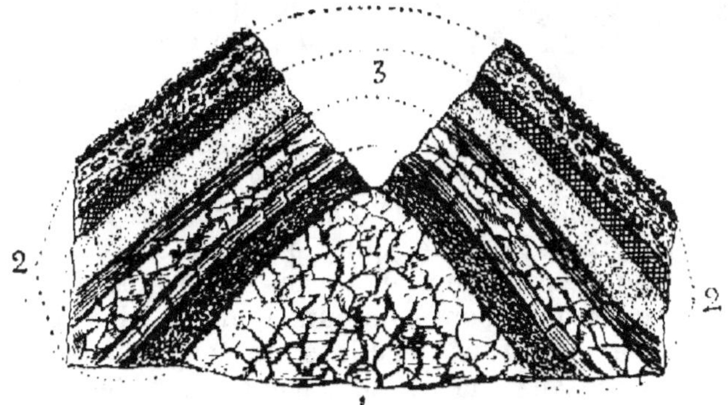

Fig. 55. — Vallée de dislocation.

1, Roche éruptive; 2, Couches soulevées; 3, Dislocation formant la vallée.

(fig. 56). Elles ont été formées par les tremblements de terre, les soulèvements de montagnes qui brisent les strates, les

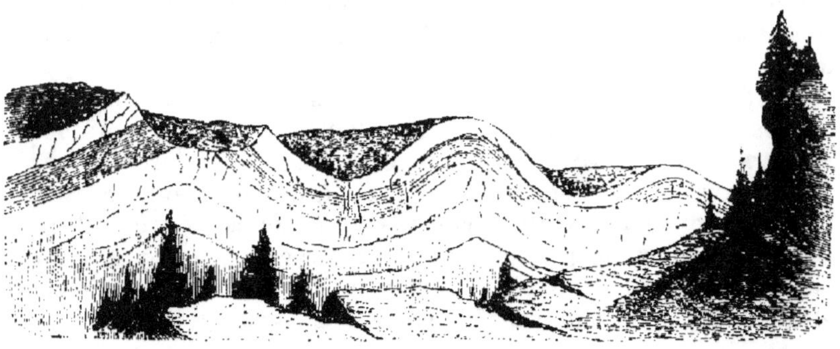

Fig. 56. — Vallées de ploiement du Jura.

écartent ou les replient; telles sont les célèbres vallées de ploiement du Jura.

137. Vallées d'érosion. — Les *vallées d'érosion* sont dues à l'action des eaux qui creusent le sol meuble des plateaux et des plaines ; les vallées du plateau bressan ont presque toutes cette origine (fig. 57).

Fig. 57. — Vallée d'érosion.

Les *vallées orographiques* sont ordinairement complétées par un travail d'érosion des sources ou des ruisseaux qui les arrosent.

Quelques vallées sont dues à des érosions souterraines.

Les cours d'eau souterrains entraînent les parties meubles du sol et font écrouler les parties supérieures. La vallée profonde de Beaume-les-Messieurs, près de Lons-le-Saunier, a été creusée par l'érosion souterraine des eaux de la Seille, qui y prend sa source.

Celle de Cholet, près de Saint-Jean-en-Royans (Isère), a la même origine. Ces faits sont communs dans les Alpes et le Jura, où l'on trouve des trous terminés de toutes parts par des abruptes ; les paysans y descendent par des échelles ou par des cordes et cultivent le sol riche et chaud de ces cavités, qu'ils nomment *pots* ou *dollina*.

CAVERNES

138. Définition. — Les *cavernes* sont des cavités naturelles, plus ou moins vastes, que l'on rencontre surtout dans les pays accidentés ; les petites cavernes se nomment *grottes*.

On trouve souvent dans les cavernes de grandes chambres ornées de stalactites et de stalagmites, et communiquant entre elles par d'étroits couloirs, des lacs, des rivières, etc.

Les cavernes ont servi d'habitation à des animaux sauvages et aux hommes des temps primitifs ; leur sol est couvert d'ossements variés et de produits de l'industrie naissante ; des courants d'eau ont rempli postérieurement ces cavités et des incrustations calcaires ont transformé ces dépôts en *brèches osseuses*.

139. Origine des cavernes. — Les cavernes ont la même origine que les fentes filoniennes ; on les attribue :

1° *à des dislocations* du sol ;

2° *à des érosions chimiques ou mécaniques* produites par les eaux, les gaz, etc.

TROISIÈME PARTIE

CLASSIFICATION ET DESCRIPTION DES TERRAINS

140. — Les matériaux qui forment l'enveloppe du globe sont désignés sous le nom général de *terrains*.

Ces terrains, comme nous l'avons vu dans la seconde partie, se divisent en trois catégories d'après leur origine : les *terrains primitifs*, ou de première consolidation ; les *terrains sédimentaires*, qui les ont recouverts, et les *terrains éruptifs*, venus à l'état de fusion de l'intérieur de la terre. Les roches éruptives ont traversé les terrains primitifs et les terrains sédimentaires depuis les époques les plus reculées jusqu'à nos jours, mais la durée de leurs éruptions ne peut être indiquée qu'après avoir fait l'étude des terrains traversés. D'ailleurs les roches éruptives n'ont jamais eu une grande importance, et peuvent être considérées comme de simples accidents dans la description de l'écorce terrestre.

Nous étudierons donc successivement les *terrains primitifs* et les *terrains sédimentaires*.

CHAPITRE IX

TERRAINS PRIMITIFS OU AZOÏQUES

141. Caractères. — Les *terrains primitifs*, souvent nommés *terrains primordiaux*, constituent partout la base de l'écorce solide du globe. Ils ne renferment jamais de fossiles, ce qui leur a fait donner le nom de terrains *azoïques*, ou privés de vie.

Leur origine est très controversée ; les géologues actuels sont généralement d'accord pour les considérer comme les premiers terrains consolidés. Les anciens les regardaient comme les premiers sédiments arrachés aux roches consolidées et transformés par le métamorphisme, dans une mer chaude et peu profonde, en couches plus ou moins cristallines, ce qui leur avait fait donner le nom de *terrains cristallophylliens*.

Le granit, regardé longtemps comme la roche fondamentale sur laquelle toutes les autres s'étaient déposées, est une roche essentiellement éruptive, qui traverse la plupart des couches du terrain primitif et des terrains sédimentaires.

142. Roches primitives. — L'ordre dans lequel on rencontre les roches primitives est ordinairement le suivant : On trouve à la base un gneiss granitoïde en couches puissantes, puis des gneiss ordinaires, des micaschistes, des schistes chloriteux et amphiboliques ; mais ces couches ne sont jamais toutes réunies et superposées dans un même point.

Ces roches sont souvent traversées par des filons de quartz, de barytine, de fer magnétique ou aimant. Ce minerai est très abondant en Suède et en Norvège, à Cogne en Piémont, à Mokta-el-Hadid (Algérie). On y trouve aussi un calcaire grenu ou lamellaire souvent micacé nommé marbre *cipolin*.

143. Distribution géographique. — On rencontre les roches primitives dans la charpente de presque toutes les chaînes de montagnes du globe ; le plateau central de la France, les Cévennes, les Pyrénées, les Alpes, la Bretagne, en sont presque entièrement formés.

CHAPITRE XII

TERRAINS SÉDIMENTAIRES

144. Bases de la classification des terrains sédimentaires. — Les *terrains sédimentaires* reposent sur les terrains primitifs, dont ils ont la texture feuilletée, au moins à leur partie inférieure ; mais ils s'en distinguent par la présence des fossiles, premières traces de la vie sur le globe.

S'il existait un point de la terre où toutes les couches sédimentaires fussent superposées dans l'ordre de leur formation, il serait facile, au moyen de puits profonds, de reconnaître cet ordre et de décrire chaque couche; mais il n'en est pas ainsi : les dépôts ont été faits tantôt dans un bassin, tantôt dans un autre, et ce n'est qu'à la suite d'observations longues et multipliées que l'on est parvenu à trouver l'ordre de formation des couches terrestres.

Les bases de la classification des assises du sol, au point de vue de leur âge relatif, sont au nombre de trois : la *stratification*, la *composition minéralogique* et les *fossiles caractéristiques*.

1° **Stratification**. — La superposition des couches, leurs concordances de stratification et leurs discordances permettent, dans la plupart des cas, d'établir leur âge relatif; car une couche qui en surmonte une autre est plus récente que cette autre; des couches horizontales placées à la base de strates relevées sont évidemment postérieures à celles-ci. Malheureusement les indications de cette nature ne sont pas toujours complètes; car entre deux formations superposées, il peut manquer un grand nombre de couches, dont rien n'indique l'absence : c'est ainsi qu'à Lyon le lehm, dépôt très récent, repose sur le gneiss, dont il doit être séparé par toute la série des terrains primitifs et sédimentaires.

2° **Composition minéralogique**. — Ce caractère, très utile pour des observations locales, n'est pas sûr pour des observations plus étendues; c'est ainsi que l'éocène, base des terrains tertiaires, est représenté à Paris par des calcaires grossiers, à Londres par des argiles, et en Belgique par des sables.

D'ailleurs nous pouvons remarquer dès à présent que l'uniformité de composition minéralogique des formations de même âge est d'autant plus marquée que ces formations sont plus anciennes. On trouve de grandes différences de composition minéralogique, comme nous l'avons vu, dans les dépôts actuels.

3° **Fossiles caractéristiques**. — Les formations d'une même époque géologique sont généralement caractérisées par des fossiles spéciaux que l'on ne rencontre que dans ces couches; c'est ainsi que les trilobites ne se trouvent que dans les terrains primaires, les ammonites que dans les terrains secondaires, etc. La présence de ces fossiles, qu'on nomme *fossiles caractéristiques*, constitue un *horizon géologique* ou point de repère pour la détermination des couches supérieures ou inférieures.

Ce caractère, très sûr pour les périodes anciennes, perd de sa valeur dans les formations plus récentes, à cause de la variété des dépôts, qui produit une grande variété dans les fossiles.

Les déductions que l'on tire de l'ensemble de ces observations sont à peu près certaines, et permettent d'établir la chronologie des terrains, ou l'ordre dans lequel ils se sont déposés.

145. Division des terrains. — On divise les terrains sédimentaires en quatre grands groupes qui sont, par ordre de superposition : les *terrains primaires*, les *terrains secondaires*, les *terrains tertiaires* et les *terrains quaternaires*.

Chacun de ces groupes est caractérisé par une faune et une flore spéciales, se rapprochant de plus en plus des faunes et des flores actuelles; c'est ce qui a fait nommer ces premiers terrains *paléozoïques;* les seconds, *mésozoïques;* les troisièmes, *néozoïques;* les quatrièmes, *homozoïques.*

Les terrains se divisent en *systèmes*, en *étages*, en *zones*, etc., dont les noms sont ordinairement tirés du pays où le terrain est très développé, de la nature des roches, ou des fossiles spéciaux qu'on y rencontre.

Le tableau suivant indique les principales divisions des terrains, ainsi que les roches éruptives propres à chaque formation.

Terrains	Systèmes	Étages	Fossiles	Roches éruptives.	Soulèvements
QUATERNAIRES ou HOMOZOÏQUES		Diluvium.	Homme. Flore actuelle.	Laves.	
TERTIAIRES ou NÉOZOÏQUES	Pliocène. Miocène. Éocène.	Subapennin. Falunien. Parisien. Suessonien.	Mammifères Nummulites.	Trachytes Basaltes.	Alpes. Apennins. Pyrénées.
SECONDAIRES ou MÉSOZOÏQUES	Crétacé. { Supérieur. : Danien. Sénonien. Turonien. Cénomanien. Inférieur. : Albien. Aptien. Néocomien. }		Oiseaux reptiliens. Dino-sauriens. Angiospermes. Ammonites et Bélemnites.	Période de repos ; pas de roches éruptives.	Mont Viso.
	Jurassique. { Oolithe. : Purbeckien. Portlandien. Kimméridgien. Corallien. Oxfordien. Bathonien. Bajocien. Lias. : Toarcien. Liasien. Sinémurien. }		Grands sauriens. Gymnospermes (Cycadées.)		Mont Pila. Côte d'Or.
	Triasique. { Saliférien. Conchylien. Vosgien. }		Labyrinthodontes. Céra-tites.	Éruptions porphyriques.	Morvan.
PRIMAIRES ou PALÉOZOÏQUES	Permien. Carboniférien. Devonien. Silurien. Cambrien.		Poissons. Trilobites. Cryptogames et Gymnospermes.		Vosges. Ardennes. Bretagne.
PRIMITIFS ou AZOÏQUES	Schistes chloriteux. Schistes amphiboliques. Gneiss et micaschistes. Gneiss fondamental.			Éruptions granitiques.	Vendée.

CHAPITRE XIII

TERRAINS PRIMAIRES

Série paléozoïque ou des animaux anciens.

146. Roches principales. — Les terrains primaires se composent de roches franchement stratifiées, de plus de 15 000 mètres de puissance; la plupart ont subi le métamorphisme et sont souvent désignés sous le nom de *terrains de transition*, parce qu'ils servent de passage entre les roches primitives et les roches d'apparence plus sédimentaire. Les principales roches de ces terrains sont : les *schistes* feuilletés ou *ardoises*, les *grès*, dont les variétés micacées, communes dans les terrains primaires, sont nommées *psammites;* les *conglomérats, brèches* ou *poudingues;* leur existence est une preuve de l'origine sédimentaire de ces dépôts; les *calcaires* exploités comme marbres de diverses nuances. C'est surtout dans ces terrains qu'on trouve l'*anthracite* et la *houille*. Les roches éruptives qui traversent les terrains primaires sont les *roches granitiques* et les *roches porphyriques*. Les filons renferment principalement du fer sulfuré, du cuivre et de l'étain.

147. Fossiles. — Les terrains primaires présentent les plus anciennes manifestations de la vie végétale et de la vie animale sur le globe. La terre était jusque-là trop brûlante et l'atmosphère trop impure pour que la vie pût exister. Les premiers êtres que l'on découvre appartiennent presque tous aux formations marines; les terres émergées ne formaient encore que quelques îles au milieu de l'immense mer primitive.

148. Faune. — On n'a trouvé jusqu'ici ni *Mammifères* ni *Oiseaux* dans les terrains primaires; les *poissons*, les *crustacés*, les *insectes*, les *mollusques*, y sont au contraire fort nombreux, ainsi qu'un grand nombre de polypiers.

149. Flore. — La végétation, d'abord essentiellement marine, offre peu à peu des plantes terrestres qui se multiplient surtout à l'époque houillère; elles appartiennent presque toutes aux plantes Cryptogames ou dépourvues de fleurs, comme les Prêles, les Mousses, les Fougères; on y trouve pourtant quelques Conifères.

Article 1. — Système Cambrien.
(Cambres, tribu celtique.)

150. Roches. — Ce premier système, qui repose sur les schistes cristallins, est composé de schistes satinés, durs, mélangés de conglomérats et ne renferme presque pas de traces organiques.

151. Distribution géographique. — Il est très répandu dans le Calvados, la Bretagne et le pays de Galles.

Article 2. — Système Silurien.
(Silures, dans le pays de Galles.)

Règne des Trilobites.

152. Roches. Ce terrain, qui tire son nom des Silures, anciens habitants du pays de Galles, est formé de schistes ardoisiers exploités à Angers et dans les Ardennes, de grès, de quartzites, de minerais de fer, etc.

153. Fossiles. — Les animaux les plus nombreux du Silurien sont : les *Trilobites*, les *Orthocères* et les *Graptolithes*.

Trilobites. — Ces Crustacés étaient voisins de nos Cloportes; leur corps, divisé longitudinalement en trois lobes, pouvait se

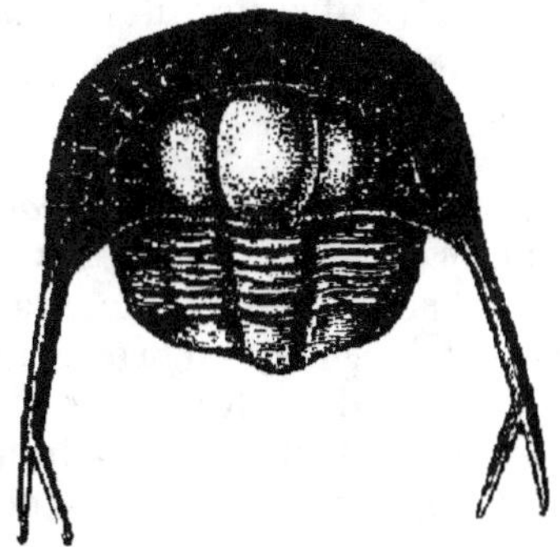

Fig. 58.
Trilobite. (Trinucleus Pongerardi.)

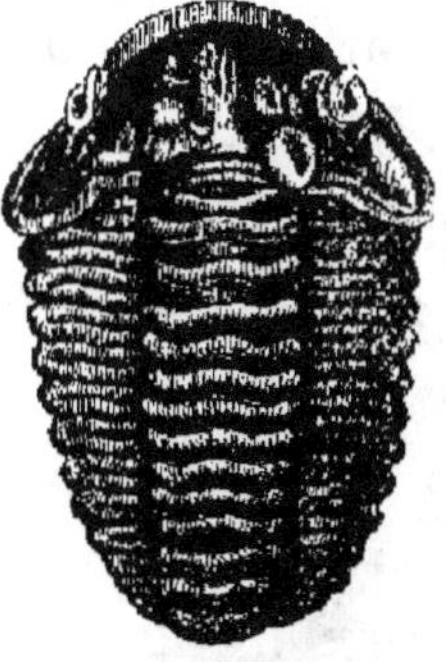

Fig. 59.
Trilobite. (Calymène Blumenbachi.)

rouler en boule. Leurs espèces nombreuses servent à caractériser les systèmes Silurien et Devonien (fig. 58, 59.)

Orthocères. — Ces mollusques appartiennent au groupe des Nautiles, céphalopodes dont la coquille est divisée en cellules, communiquant toutes par un siphon. La coquille des Orthocères est droite (fig. 60), celle des Nautiles est enroulée.

Graptolithes. — Les Graptolithes sont des polypiers dont les restes dentelés peuvent être droits, roulés en crosse ou en spirale (fig. 61).

Fig. 60.
Orthocère.

Fig. 61.
Graptolithe.

La flore silurienne est rudimentaire ; elle ne présente que des Algues et des Lycopodes.

154. Distribution géographique. — Le Silurien est très répandu sur les contours des terrains primitifs, en Bretagne, en Angleterre, et surtout en Bohême.

Les couches inférieures, abondantes près du fleuve Saint-Laurent, portent le nom d'étage Laurentien.

<h2 style="text-align:center">Article 3. — Système Devonien.</h2>

(Devonshire, Angleterre.)

Règne des poissons cuirassés hétérocerques.

155. Roches. — Le *Devonien* tire son nom du comté de Devon, où il est bien caractérisé. Il repose en stratification discordante sur le Silurien, dont il se distingue nettement. Ses principales roches sont : des grès rouges, très abondants en Écosse, ce qui lui a fait donner le nom de *vieux grès rouge,* et des marbres de couleurs variées : le marbre gris de Givet, le marbre rouge de Flandre, les marbres griotte, ceux de Campan dans les Pyrénées, et ceux de Sainte-Anne, en Belgique, très employés pour les tables et les cheminées.

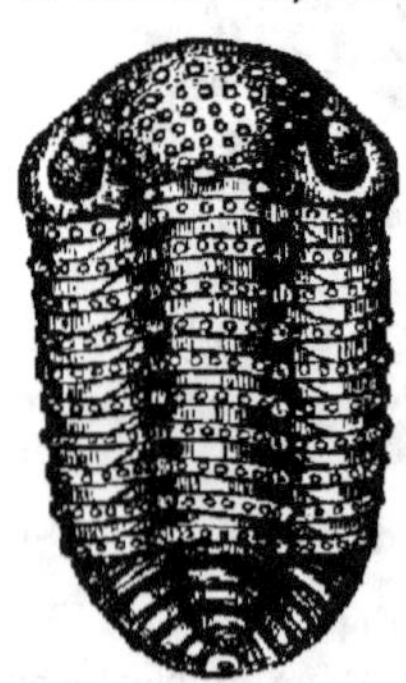

Fig. 62. — Phacops latifrons.

156. Fossiles. — Les Graptolithes ont complètement disparu, les Trilobites (fig. 62) et les Orthocères diminuent rapidement. Les fossiles caractéristiques du Devonien sont des *Poissons*, des *Goniatites*, des *Spirifers* et quelques *Polypiers*.

Poissons. — Les poissons de cette époque étaient surtout des poissons cuirassés (fig. 63), dont quelques-uns portaient près de la tête des nageoires en forme d'ailes (fig. 64). Leur nageoire caudale est à deux lobes inégaux, ce qui les a fait nommer *Poissons hétérocerques*, tandis que les lobes sont égaux chez presque tous les poissons actuels ou *homocerques*.

Goniatites. — Ces mollusques *céphalopo-*

Fig. 63.
Cephalaspis.

Fig. 64.
Pterichtys cornutus.

des, si abondants dans le Devonien, différaient des Nautiles par leurs cloisons anguleuses (fig. 65).

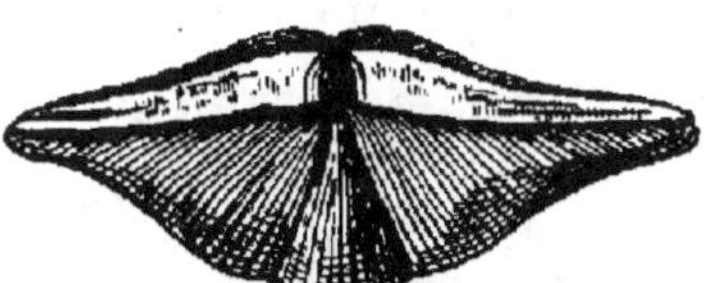

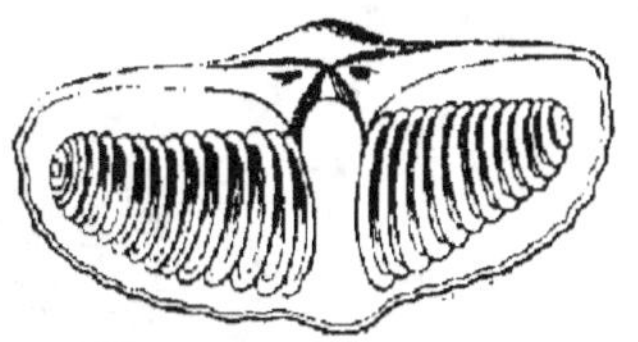

Fig. 65.
Goniatite.

Fig. 66.
Spirifer Verneuilli.

Fig. 67.
Spirifer ouvert.

Spirifers. — Les Spirifers sont des mollusques brachyopodes caractéristiques du Devonien et du Carboniférien. Leurs deux longs bras en spirales, enroulés dans la coquille, étaient calcaires (fig. 66, 67).

Polypiers. — Les Polypiers étaient si développés, qu'ils forment des masses importantes ; l'un des plus spéciaux au Devonien est un polypier isolé, pourvu d'un opercule et ressemblant grossièrement à une sandale, ce qui l'a fait nommer *Calceola sandalina* (fig. 68).

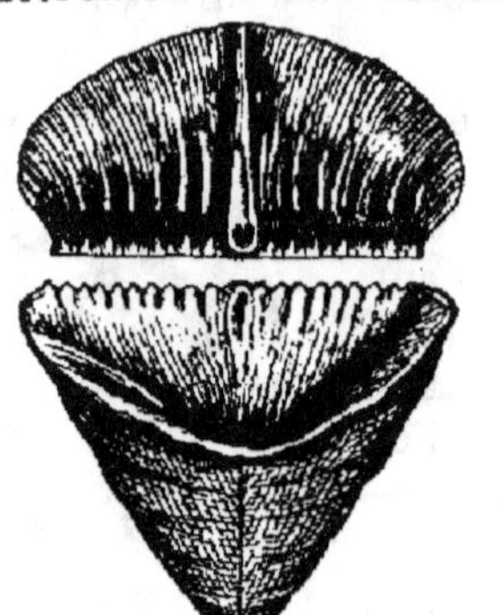

Fig. 68. — Calceola sandalina.

La flore est pauvre encore, elle est représentée par des Fucoïdes et par quelques espèces terrestres : Lycopodes, Calamites, qui devaient se développer dans la formation houillère.

157. Distribution géographique. — Le terrain Devonien se trouve en Angleterre, en Écosse, en Russie, en Bretagne, mais surtout sur les bords de la Meuse et du Rhin.

Article 4. — Système Carbonifèrien.

Règne des Productus et des plantes Acrogènes.

158. Division. — Le terrain Carbonifèrien tire son nom des couches abondantes de charbon qu'on y rencontre.

On le divise ordinairement en deux étages : l'*étage Anthracifère* à la base, et l'*étage Houiller* à la partie supérieure; l'étage inférieur est surtout de formation marine, tandis que les formations d'eaux douces dominent dans l'étage houiller.

159. Roches. — La roche principale de l'*étage Anthracifère* est un calcaire noir, compact, qui donne le marbre appelé *petit granit*, exploité à Visé, Tournay, les Écaussines (Bel-

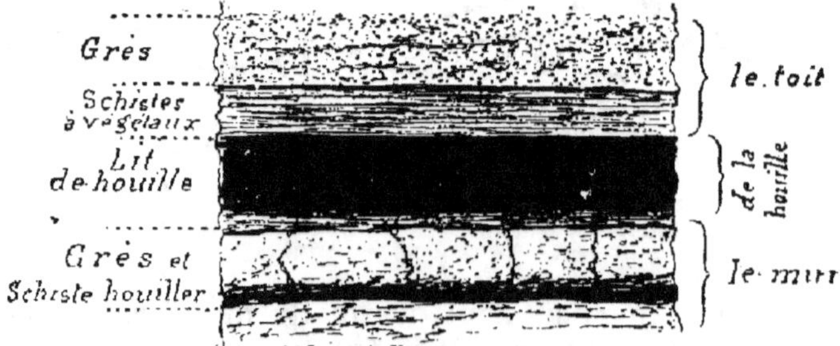

Fig. 69. — Coupe théorique d'un dépôt houiller.

gique). De nombreux filons métalliques traversent, dans le Cumberland, ce calcaire nommé *calcaire métallifère* ou *calcaire de montagne*. L'*anthracite* forme des assises plus ou moins importantes dans ces couches.

Les roches de l'*étage Houiller* sont des conglomérats, des grès, des schistes noirs riches en empreintes végétales, entre lesquels se trouvent les couches de *houille* dont la puissance peut varier depuis quelques centimètres jusqu'à plusieurs mètres (fig. 69).

Toutes ces assises ont été plissées, brisées, relevées par les soulèvements postérieurs, ce qui rend quelquefois l'exploitation difficile (fig. 70 et 71). Les plis formés par les ploiements en zigzags étant plus tard traversés par les puits d'extraction font croire à un nombre de couches supérieur à celui qui existe réellement.

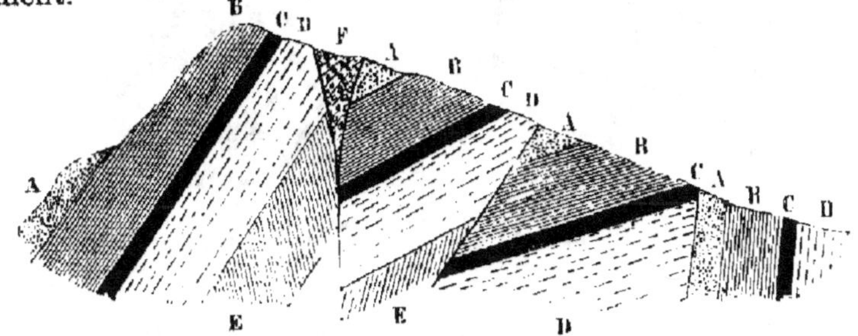

Fig. 70. — Couches houillères disloquées.

On trouve encore dans les gorres, ou schistes houillers, des masses de fer carbonaté lithoïde, qui donne en Angleterre un excellent minerai de fer.

Les gisements de l'Aveyron renferment beaucoup de fer oligiste terreux.

Presque toutes les houilles sont plus ou moins imprégnées de pyrite ou fer sulfuré qui, par leur décomposition, les rend efflorescentes.

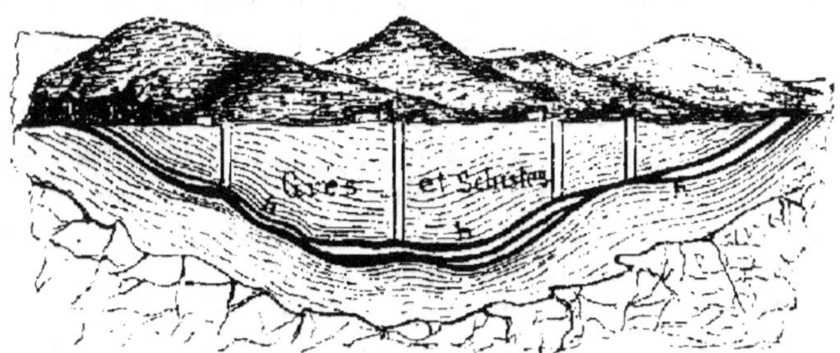

Fig. 71. — Coupe du bassin houiller de Rive-de-Gier (Loire).

C'est à l'époque houillère que les *porphyres* ont commencé leurs éruptions.

160. Fossiles. — La *faune* anthracifère est surtout marine ; les *Trilobites* ne sont plus représentés que par deux espèces qui disparaissent dans cet étage. Les *Spirifers*, si nombreux dans le Devonien, sont peu à peu remplacés par les *Productus*, les *Évomphales* (fig. 72) et les *Bellérophons* (fig. 73) qui caractérisent le système Carboniférien.

Fig. 72. — Evomphale.   Fig. 73. — Bellerophon costatus.

Les *poissons*, peu nombreux en espèces, appartiennent tous au groupe des hétérocerques.

On trouve dans le terrain houiller des insectes broyeurs de grandes dimensions ($0^m 70$), des Libellules géantes, et quelques mollusques d'eaux douces voisins des Unios.

La *flore* des deux étages, peu variée en espèces, est remarquable par les dimensions et l'abondance des plantes qui la composent. Ces plantes formaient d'immenses forêts sur les terrains humides et chauds voisins des lacs ou des lagunes. On attribue la végétation caractéristique de cette époque à la chaleur uniforme venant de la terre, et se manifestant par une température uniforme et l'existence d'une flore unique sur tout le globe.

L'atmosphère, riche en acide carbonique, favorisait cette végétation et se purifiait peu à peu, ce qui permit aux premiers animaux à respiration pulmonaire d'apparaître vers la fin de cette période. Les reptiles, qui devaient dominer dans les terrains secondaires, commencèrent à se montrer.

Les plantes houillères appartiennent aux Gymnospermes, et surtout aux *Cryptogames vasculaires*, tels que les *Fougères*, les *Prêles* et les *Lycopodes*.

Les principales gymnospermes sont :

1° Les *Walchias*, de la famille des conifères, très abondants surtout dans l'étage suivant, et dont les feuilles, disposées en spirales, rappellent les Araucarias actuels de la Nouvelle-Zélande.

2° Les *Cycadées,* dont les principaux genres sont :

a Les *Cordaïtes,* arbres de 20 à 40 mètres de hauteur, ramifiés seulement à leur partie supérieure; leurs feuilles étaient larges et rubanées (fig. 74).

b Les *Sigillaires* à tiges cannelées, ordinairement aplaties par la pression et couvertes de cicatrices produites par les feuilles tombées; elles avaient jusqu'à 20 mètres de hauteur. Les *Stigmarias* ou racines, que l'on prenait autrefois pour des végétaux particuliers, se trouvent toujours sur le *plancher* de la couche, tandis que les *Sigillarias* ou troncs montent vers le *toit.*

Fig. 74.
Rameau de cordaïte.

Parmi les *Cryptogames vasculaires,* on trouve :

1° Les *Fougères,* de 15 à 18 mètres de hauteur, qui formaient des forêts à l'époque houillère; il n'existe plus aujourd'hui de Fougères arborescentes que dans les régions intertropicales. Les genres les plus communs sont : les *Pecopteris, Odontopteris, Sphenopteris,* etc. (fig. 75).

2° Les *Prêles,* de 7 à 8 mètres de hauteur, dont les tiges bien conservées ont fourni les *Calamites;* elles croissaient dans les marais avec les *Astérophyllites* au feuillage finement découpé, et les *Annulaires,* aux feuilles verticillées, qui nageaient à la surface des eaux douces.

3° Les *Lycopodes,* représentés aujourd'hui par de petites plantes rampantes, étaient à cette époque des arbres de 30 mètres de haut, dont les plus communs sont les *Lépidodendrons* (fig. 76).

Fig. 75. — Fougère.

161. Origine de la houille. — L'anthracite et la houille ont une origine végétale ; ces combustibles renferment très souvent des traces évidentes de cette origine.

Suivant l'aspect et la composition des bassins houillers, on reconnaît deux espèces de formations :

Fig. 76. — Principaux végétaux de l'époque houillère.
A, Calamites ; B, Fougère arborescente ; C, Fougère herbacée ; D, Cordaïtes ; E, Sigillaire ; F, Lépidodendron ; G, Calamophyllites ; H, Astérophyllites.

1º Les dépôts vastes et riches en fossiles marins qui se sont déposés dans des golfes ou des estuaires : telles sont les houillères de l'Angleterre et de la Belgique ;

2º Les petits bassins, ordinairement sans calcaire carbonifère et sans fossiles marins, qui paraissent avoir une origine lacustre : c'est le cas de la plupart des bassins français.

Des pluies abondantes entraînaient dans les lacs ou les lagunes les débris des végétaux et ceux du sol ; ces débris se stratifiaient en conglomérats, en grès et en couches végétales ; de nouveaux dépôts recouvraient ces dernières, qui subissaient à l'abri de l'air, et sous l'influence de la pression et de la chaleur, une lente transformation en houille. Ces formations rappellent les deltas lacustres et marins de nos jours.

Quelques couches de houille ont subi, par les dislocations du sol et le voisinage des roches éruptives, une distillation de leurs produits volatils, et ont été transformées en *anthracite*.

162. Distribution géographique. — Les dépôts houillers se

Fig. 77. — Bassins houillers du centre de la France.
1, T. primitifs ; 2, T. houillers ; 3, T. plus récents.

trouvent, en France, dans le Pas-de-Calais, le Plateau central, les Cévennes, les Vosges, les Alpes ; ils sont abondants en Belgique, en Angleterre, en Silésie, en Russie, en Chine et dans l'Amérique septentrionale (fig. 77).

Article 5. — Système Permien.

(Perm, Russie.)

Règne des Walchias.

Ce terrain, très développé aux environs de Perm, en Russie, est quelquefois appelé *Pénéen,* à cause de sa pauvreté en fossiles.

163. Roches. — Les principales roches permiennes sont des grès rouge-brique nommés nouveaux grès rouges, puis des schistes bitumineux riches en chalkopyrite argentifère et en poissons fossiles. Ces schistes sont exploités à Autun pour l'ex-

Fig. 78. — Paleoniscus Blainvillei.

Fig. 79. — Productus horridus.

traction de l'huile de schiste ; des couches de dolomie ou calcaire magnésien terminent le dépôt. Les gisements de sel gemme, de sulfate de magnésie et de chlorure de potassium de Stassfurt (Allemagne) sont dans cette zone supérieure.

164. Fossiles. — Les poissons hétérocerques sont très abondants dans les schistes bitumineux ; le plus commun est le *Paleoniscus* (fig. 78).

Les sauriens se développent de plus en plus ; l'*Archegosaurus,* animal intermédiaire entre les batraciens et les sauriens, se trouve à Sarrebruck.

Le principal représentant des mollusques était un Productus épineux nommé *Productus horridus* (fig. 79). Ce

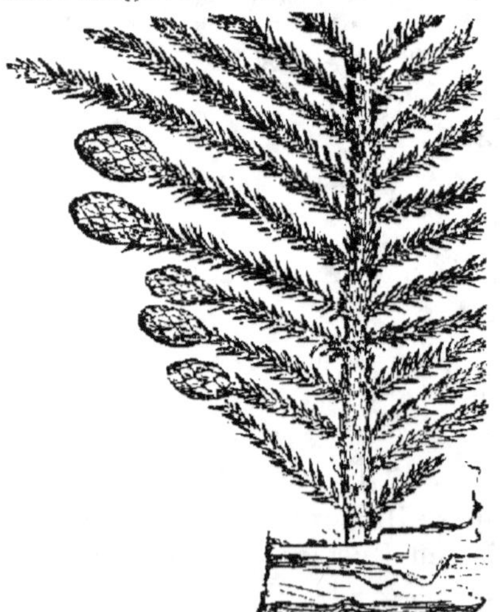

Fig. 80. — Walchia piniformis.

genre disparaît avec l'étage Permien.

La flore est pauvre ; elle ne présente plus que quelques Calamites arborescentes, des Sigillaires et des Fougères rabougries ; les conifères sont représentés par les *Walchias*, dont les branches portent souvent des organes de fructification (fig. 80).

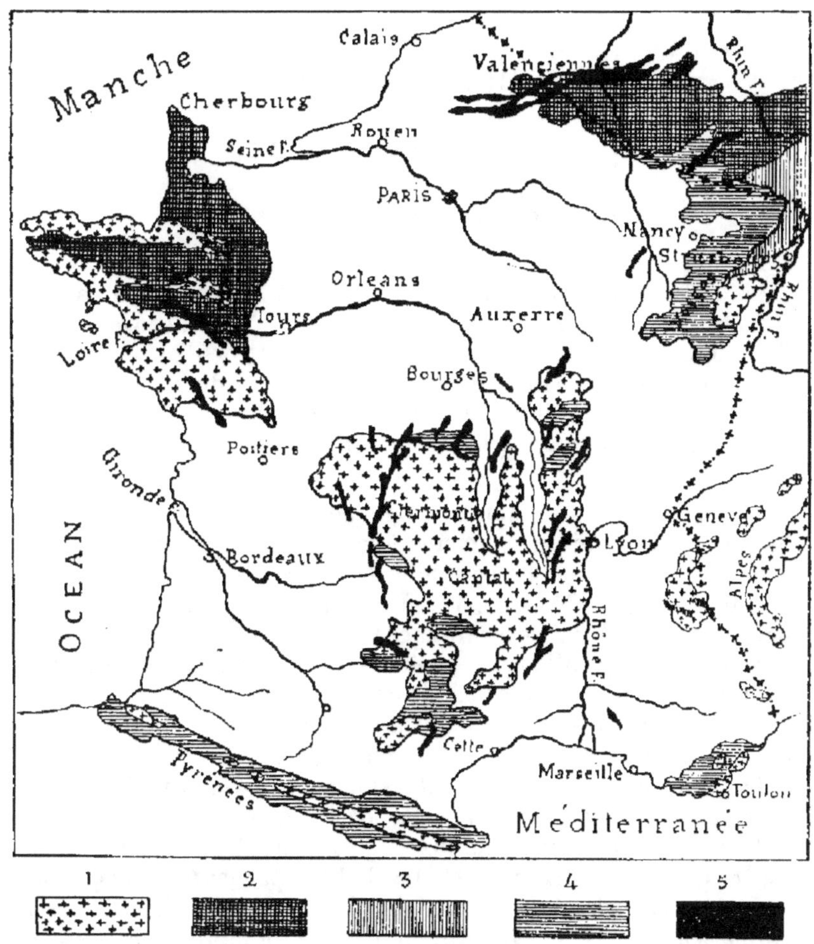

Fig. 81. — Carte géologique de la France au commencement des terrains secondaires.

1, T. primitif et granitique ; 2, T. de transition ; 3, T. permien ; 4, T. triasique ; 5, T. houiller.

La plupart des plantes fossiles d'Autun. remarquables par leur conservation, sont silicifiées.

165. Distribution géographique. — Le terrain Permien est très développé en Russie, en Bohême, en Angleterre; on le trouve aussi en France, à Lodève, Autun, Fréjus.

CHAPITRE XIV

TERRAINS SECONDAIRES

Série Mésozoïque ou des animaux moyens.

166. Roches principales. — Les roches de ces terrains sont franchement sédimentaires et paraissent s'être déposées pendant une longue période de calme; ce sont des *calcaires*, des *dolomies*, des *marnes*, des *grès*, du *gypse*, du *sel gemme*, et quelques minerais de fer, de cuivre et de plomb.

Les roches *porphyriques* terminent leurs éruptions au début de ces terrains.

167. Fossiles. — Pendant l'époque primaire, le globe était habité par des animaux marins : crustacés, mollusques et poissons; pendant l'époque secondaire, il appartiendra aux *reptiles* aux formes gigantesques. Les uns étaient nageurs comme les poissons, d'autres ressemblaient aux lézards; quelques-uns avaient les doigs allongés et réunis par une membrane en forme d'ailes ; d'autres ne marchaient que sur deux pieds.

Des mollusques céphalopodes nouveaux, les *Ammonites* et les *Bélemnites,* remplissent de leurs débris les couches secondaires où on les trouve exclusivement. Les *mammifères marsupiaux* apparaissent dans cette période.

A mesure que les animaux augmentaient en nombre et en espèces, les végétaux, représentés d'abord par les *Gymnospermes* (cycadées et conifères), devenaient plus variés; les *Angiospermes Monocotylédones* et *Dicotylédones,* si nombreux plus tard, paraissent à la fin de cette période.

168. Distribution géographique. — Les terrains secondaires se sont déposés sur les flancs des terrains primitifs et des terrains primaires. On les trouve en France dans trois grands bassins marins : le bassin de Paris ou du Nord, le bassin d'Aquitaine et le bassin de la Méditerranée. Ces bassins communiquaient entre eux au commencement de l'époque secondaire, mais ils s'isolèrent peu à peu.

169. Divisions des terrains secondaires. — On divise les terrains secondaires en trois systèmes : le *système triasique*, le *système jurassique* et le *système crétacé*.

Article 1. — Système Triasique.

Règne des Labyrinthodontes et des Cératites.

170. Division. — Le *trias* tire son nom des trois étages qui le composent, et qui sont, de bas en haut :
1º Le *Vosgien*, 2º le *Conchylien*, 3º le *Saliférien*.

171. Roches. — Ces trois étages sont caractérisés par des grès, des calcaires, des marnes, du sel gemme et du gypse.

172. — Les *reptiles* du trias sont nombreux : le plus connu est le *Cheirotherium*, dont on trouve l'empreinte de pied à cinq

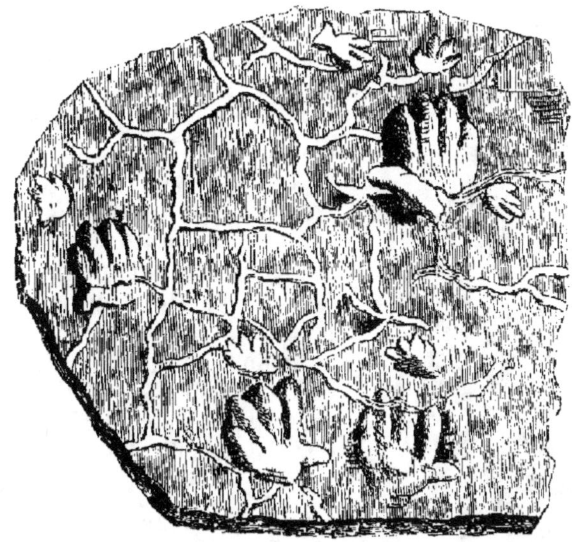

Fig. 82. — Empreintes du Cheirotherium.

doigts dans les grès de Lodève et du mont d'Or lyonnais; c'était un animal intermédiaire entre les batraciens et les sauriens (fig. 82).

D'autres empreintes tridactyles, groupées deux à deux, sont attribuées à des reptiles qui ne s'appuyaient que sur deux pieds (fig. 83).

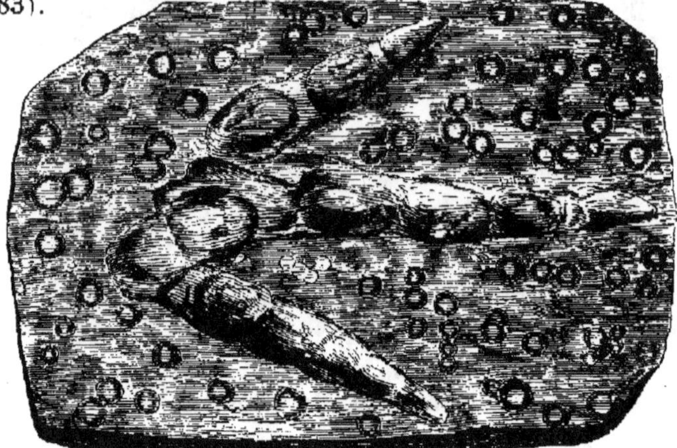

Fig. 83. — Empreintes des grès du Massachusetts.

Les poissons osseux munis de branchies et de poumons, comme le *Ceratodus* actuel d'Australie, font leur apparition.

Les *Cératites*, espèces caractéristiques du trias, étaient des céphalopodes aux cloisons dentelées, voisins des ammonites. Les véritables *Ammonites* se rencontrent déjà, mais sont plus nombreuses dans la partie supérieure des terrains secondaires.

La flore comprenait des Fougères, des Voltzias et des Prêles, dont la principale espèce était le *Calamites arenaceus* (fig. 84).

173. 1er Étage. Vosgien. — Cet étage renferme : 1° le *grès des Vosges*, à grain grossier, riche en oxyde de fer, en carbonate et en oxyde de plomb. 2° Le *grès bigarré*, tendre, rouge ou blanc, sur lequel on trouve souvent les empreintes des pieds du *Cheirothérium*. Ces grès, exploités pour la fabrication

Fig. 84. — Calamites arenaceus.

des meules à aiguiser, servent aussi comme pierres de construc-
tion; presque tous les monuments de la vallée du Rhin sont en
grès bigarrés.

174. 2ᵉ Étage. Conchylien ou Muschelkalk. — Ce calcaire,
gris, compact, abonde en fossiles ma-
rins, dont les plus caractéristiques
sont le *Ceratites nodosus* (fig. 85), et
l'*Encrinus liliiformis* (fig. 86).

**475. 3ᵉ Étage. Saliférien ou des
marnes irisées.** — L'étage se compose

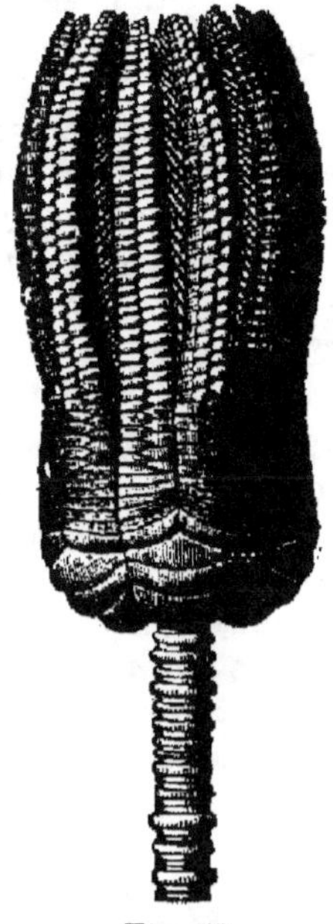

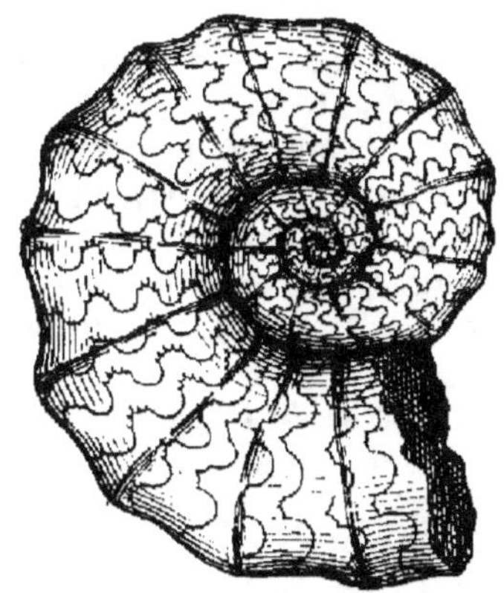

Fig. 85. —Ceratites nodosus laissant voir
ses cloisons.

Fig. 86.
Encrinus liliiformis.

de grès calcaires, de marnes ou d'argiles rouges, jaunes,
vertes, bleues, etc., ce qui leur a valu le nom de *marnes
irisées;* ces couches, pauvres en fossiles, renferment presque
toujours du sel gemme et du gypse.

Les dépôts les plus importants de sel gemme sont ceux de
Vic et de Dieuze, en Lorraine, qui comptent 13 couches, dont
l'ensemble a plus de 50 mètres de puissance, et ceux de Lons-
le-Saunier que l'on extrait en inondant les mines.

L'étage se termine supérieurement par des grès; c'est dans
cette couche qu'étaient exploitées autrefois les beaux minerais
d'azurites et de malachites de Chessy (Rhône).

176. Distribution géographique. — Le trias forme la plupart
des montagnes de la Lorraine; on le trouve aussi en Franche-
Comté, dans les Alpes, sur les bords du Plateau central et dans
la Forêt-Noire.

Article 2. — Système Jurassique.

Règne des grands reptiles sauriens et des Cycadées.

177. Division. — Le système Jurassique tire son nom des montagnes du Jura, où il est très développé. Il est séparé du trias par des grès, et du système crétacé par un dépôt d'eau douce.

On divise ces terrains en deux parties : l'une inférieure, le *Lias;* l'autre supérieure, l'*Oolithe.*

179. Roches. — Les roches jurassiques sont peu variées : ce sont des grès, des calcaires, des marnes, des dolomies, des minerais de fer.

178. Fossiles. — Le *Microlestes antiquus* est le premier mammifère dont l'existence soit bien constatée : il appartient au groupe des marsupiaux et se rencontre dans le lias. On trouve les restes de nombreux marsupiaux insectivores dans l'oolithe.

Les reptiles sont représentés par les énormes animaux nageurs désignés sous les noms d'*Ichthyosaures,* de *Plésiosaures* et de *Téléosaures,* et par les reptiles volants tels que : les *Ptérodactyles* et le *Ramphorynchus.*

Les *Ichtyosaures* ont de 7 à 10 mètres de longueur, ils possédaient la tête d'un Dauphin, les dents d'un Crocodile et les

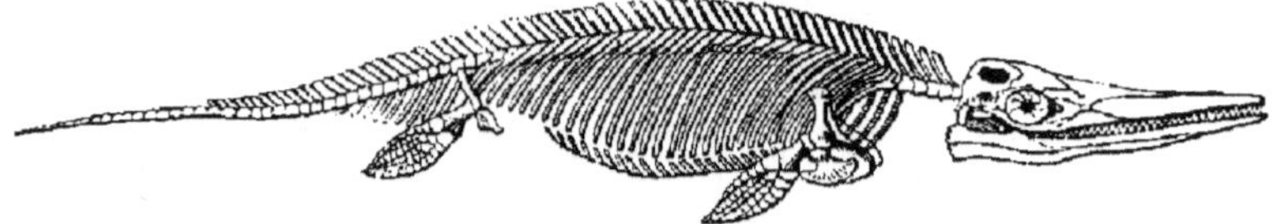

Fig. 87. — Ichtyosaure.

nageoires de la Baleine. Ces reptiles carnassiers étaient exclusivement marins (fig. 87).

On trouve souvent près des squelettes d'*Ichtyosaures* des masses d'excréments fossiles que l'on exploite comme phosphate de chaux à Lyme-Régis, en Angleterre.

Ces restes, qui nous ont fait connaître le genre de

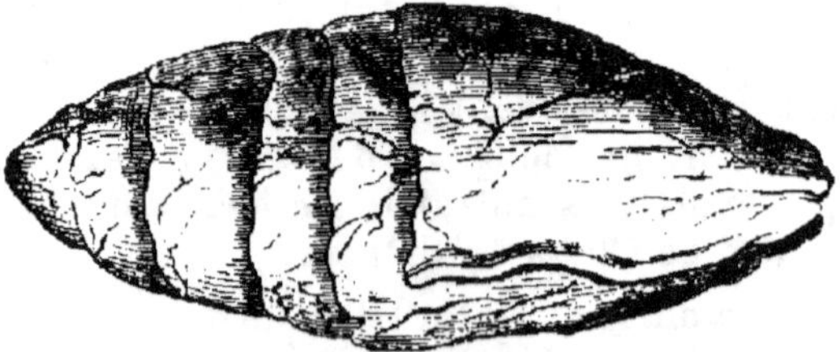

Fig. 88. — Coprolithes.

nourriture de ces animaux, se nomment *coprolithes* (fig. 88).

Les *Plésiosaures* ressemblent aux reptiles précédents par leur organisation, mais s'en distinguent par la longueur excessive de leur cou (fig. 89).

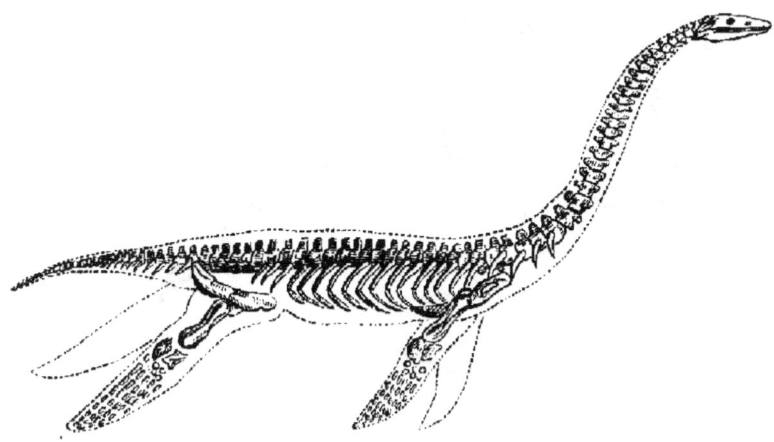

Fig. 89. — Plésiosaure.

Les *Téléosaures*, grands sauriens cuirassés voisins du gavial de l'Inde, mais plus élancés et plus agiles, pouvaient atteindre jusqu'à 15 mètres de long; ils habitaient les rivages des mers (fig. 90).

Fig. 90. — Téléosaure.

Le *Ptérodactyle* est un curieux animal qui rappelle le reptile par sa tête et ses dents, la chauve-souris par le développement extraordinaire d'un des doigts du membre antérieur qui soutient une membrane représentant une aile. La taille des diverses espèces de ce genre varie depuis celle de la Bécasse jusqu'à celle du Cygne (fig. 91).

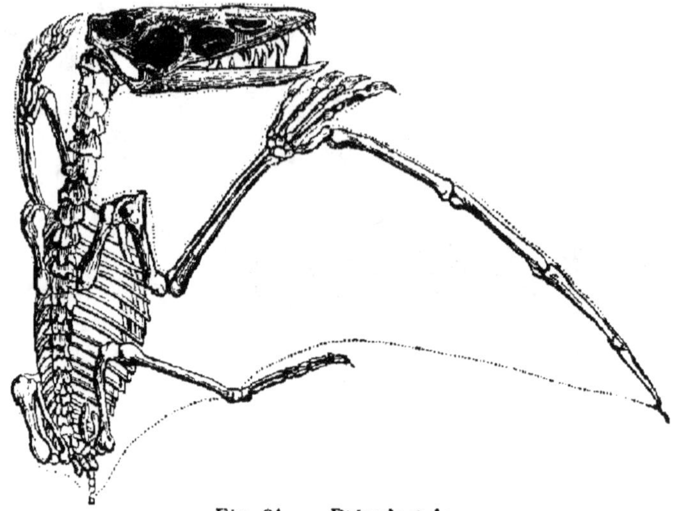

Fig. 91. — Ptérodactyle.

Le *Ramphorynchus* est un reptile volant comme le Ptérodac-

Fig. 92. — Ramphorynchus.

tyle; il avait une longue queue qui laissait, ainsi que les ailes, des traces sur les sables, plus tard transformés en grès (fig. 92).

Ammonites. Ces mollusques céphalopodes, que nous avons déjà rencontrés dans le trias, et qui sont spéciaux aux terrains secondaires, possédaient une coquille cloisonnée comme celle du Nautile actuel.

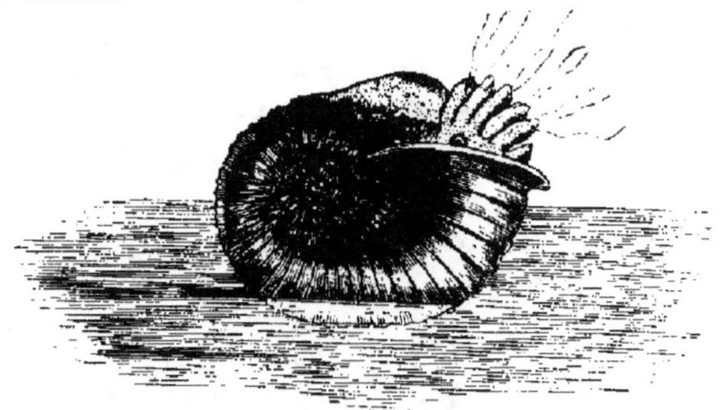

Fig. 93. — Ammonite restaurée.

L'animal occupait la loge la plus extérieure et la plus vaste, et communiquait avec les autres au moyen d'un canal ou tube qui lui permettait de comprimer ou de dilater l'air des loges intérieures, et de flotter à la surface des eaux, ou de s'enfoncer à volonté.

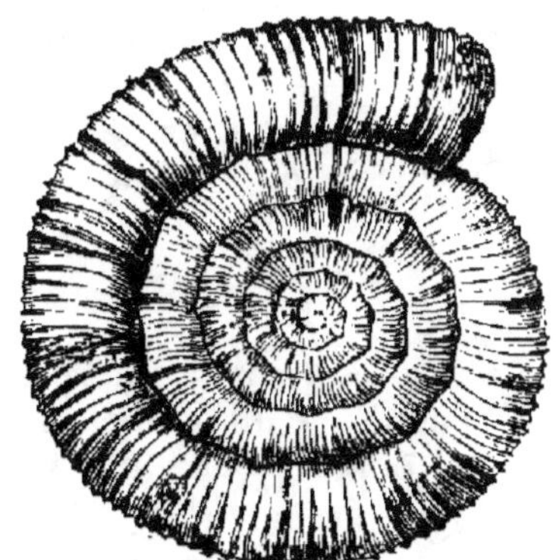

Fig. 94. — Ammonite.

Leurs nombreuses espèces encombraient les mers secondaires, et leurs débris servent aujourd'hui à caractériser les étages (fig. 93 et 94).

Bélemnites. Les *Bélemnites* sont de petits osselets calcaires ayant la forme d'un doigt aigu à l'une de ses extrémités, et creux à l'autre; on trouve quelquefois dans cette partie creuse une poche à encre solidifiée, rappelant celle que possèdent les seiches actuelles. Ces restes ont appartenu à un mollusque céphalopode de grandes dimensions, dont on a découvert l'empreinte presque entière dans les marnes de Lyme-Régis. L'osselet qui correspond à celui de la Seiche actuelle servait de soutien au corps élancé de l'animal ; sa partie creuse, formée de cellules aériennes rappelant celles de la coquille du Nautile, était un flotteur, et l'encre servait à troubler l'eau autour de l'animal pour le dérober à ses ennemis.

Les bélemnites appartiennent spécialement aux terrains secondaires, et surtout à la période jurassique.

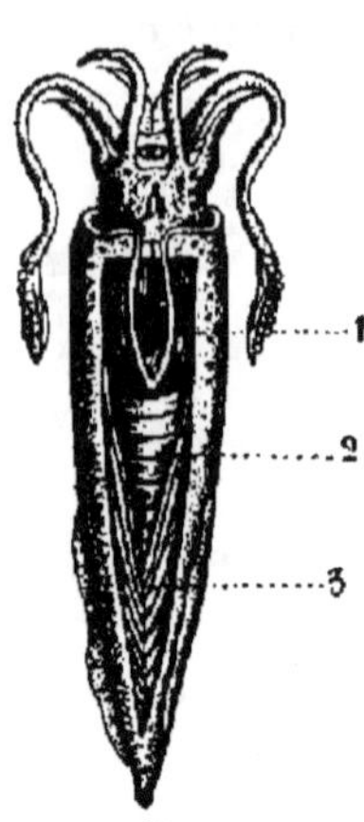

Fig. 95.
Bélemnite restaurée.
1, poche à encre ;
2, partie cloisonnée ;
3, partie solide.

Fig. 96.

Bélemnite.

On trouve encore des Gryphées, des Huîtres, des Térébratules, des Oursins, des Polypiers nombreux, des Pentacrinites, espèces d'encrines à tige pentagonale, etc.

Les plantes Gymnospermes sont très développées ; surtout les *Zamias*, espèces de Cycadées, et les *Conifères*.

LIAS

180. Division. — Le *Lias*, ou partie inférieure du système jurassique, a conservé le nom que lui donnent les carriers anglais.

On le divise en quatre étages, qui sont, de bas en haut :

1° L'*Infra-lias*, ou lias inférieur ;
2° Le *Sinémurien*, qui tire son nom de Sémur (*Sinemurium*) ;
3° Le *Liasien*, ou lias proprement dit ;
4° Le *Toarcien*, très abondant à Thouars (*Toarcensis*).

181. 1er Étage. Infra-lias. — L'Infra-lias repose sur le trias par des grès, très développés en Lorraine ; ces grès sont surmontés :

1° du *bone-bed*, ou lit à ossements, couche mince, riche en débris de poissons ;

2º du *choin-bâtard*, calcaire jaune ou rougeâtre, compact, dur et cassant, abondant dans le mont d'Or lyonnais.

Le calcaire à chaux hydraulique de Pouilly-en-Auxois est de cette époque.

Les espèces fossiles caractéristiques sont l'*Avicula contorta* (fig. 97) et l'*Ammonites angulatus* (fig. 98).

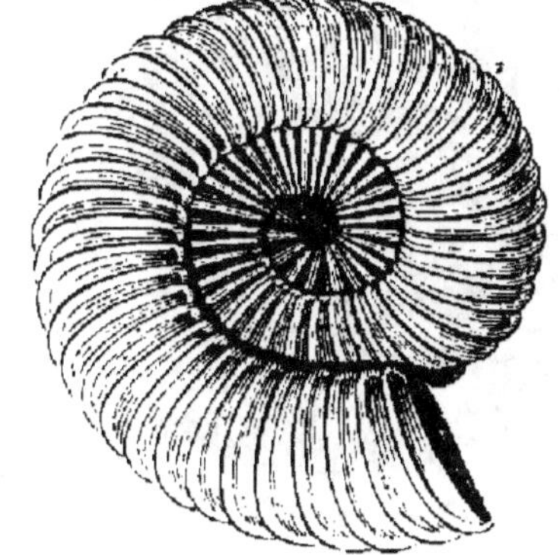

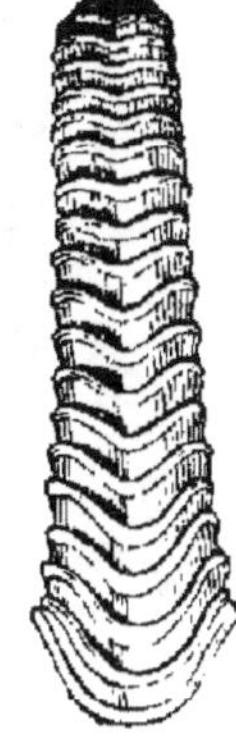

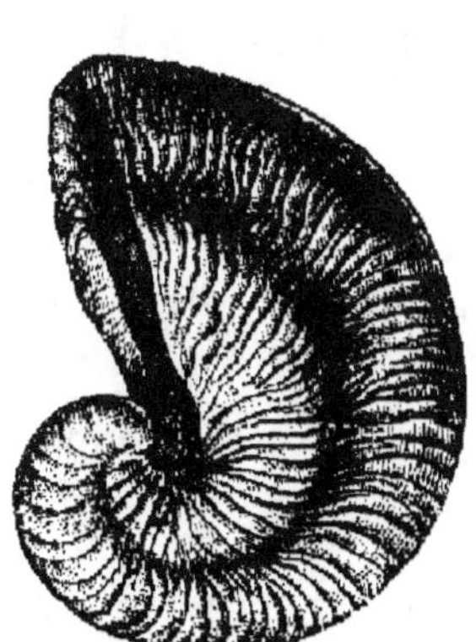

Fig. 97. — Avicula contorta.

Fig. 98. — Ammonites angulatus.

182. 2º Étage. Sinémurien. — Les roches sinémuriennes sont des calcaires durs, compacts, jaunes, bleuâtres ou noirâtres, quelquefois presque entièrement formées de fossiles dont le plus abondant est la *Gryphée arquée* (fig. 99).

Fig. 99. — Gryphæa arcuata.

Fig. 100. — Ammonites margaritatus.

183. 3ᵉ Étage. Liasien. — Cet étage est formé de marnes grisâtres et de quelques bancs calcaires, pétris de fossiles, surtout de Bélemnites et d'Ammonites, dont la principale est l'*Ammonites margaritatus* (fig. 100).

184. 4° Étage. Toarcien. — Les roches toarciennes sont des marnes, des schistes bitumineux, des calcaires exploités comme ceux des étages précédents pour la préparation des chaux et des ciments, surtout à Vassy, près d'Avallon. On y trouve aussi de riches dépôts de fer limonite oolithique, exploités à la Verpillière (Isère), dans le Bugey et dans la Haute-Marne.

Les fossiles abondent dans cet étage ; le plus connu est l'*Ammonites bifrons*.

Fig. 101. — Ammonites bifrons.

OOLITHE

185. — L'oolithe ou jurassique proprement dit se divise en trois parties : inférieure, moyenne et supérieure.

Ces trois parties se subdivisent en sept étages, qui sont, de bas en haut :

1° Le Bajocien : oolithe de Bayeux.   ⎫ Jurassique inférieur.
2° Le Bathonien : oolithe de Bath.   ⎭

3° L'Oxfordien : marnes d'Oxford.   ⎫ Jurassique moyen.
4° Le Corallien : couches de polypiers. ⎭

5° Le Kimméridgien : argiles de Kimméridge.   ⎫
6° Le Portlandien : calcaire de Portland. ⎬ Jurassique supérieur.
7° Le Purbeckien : dépôts de Purbeck.   ⎭

186. 1er Étage. Bajocien. — Les roches du Bajocien sont des calcaires ferrugineux oolithiques à Bayeux, où l'étage est très développé ; dans le Jura et les environs de Lyon, on trouve des calcaires jaunes avec des débris d'entroques ou encrines, surmontés d'un calcaire blanc marneux nommé *ciret* dans lequel les fossiles sont silicifiés. Quelques assises sont presque entièrement formées de polypiers.

Les fossiles caractéristiques de l'étage sont : *l'ammonites Humphriesianius* (fig. 102) et le *Pavonia confusa* (fig. 103).

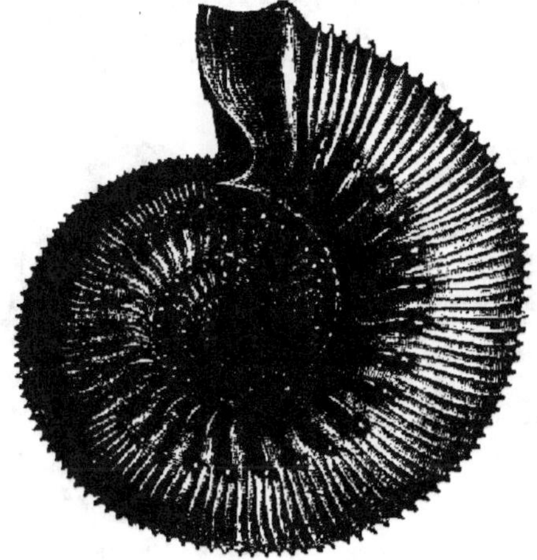

Fig. 102. — Ammonites humphriesianius.   Fig. 103. — Pavonia confusa.

187. 2ᵉ Étage. Bathonien ou Grande oolithe. — Cet étage commence par des argiles nommées *terres à foulons*, servant à fouler ou dégraisser les draps; cette assise est surtout exploitée à Port-en-Bessin (Calvados). La partie supérieure est calcaire, tantôt oolithique, comme la pierre de Lucenay, (Rhône), tantôt compacte, comme celle de Villebois (Ain).

On trouve dans les argiles l'*Ostrea acuminata* (fig. 104), et dans les calcaires la *Terebratula digona* (fig. 105).

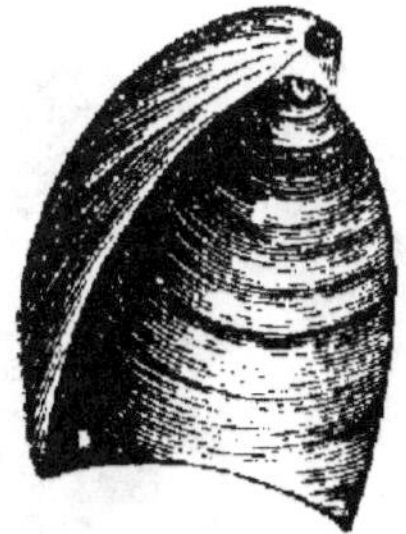

Fig. 104. — Ostrea acuminata.   Fig. 105. — Terebratula digona.

188. 3ᵉ Étage. Oxfordien. —L'étage oxfordien est composé d'argiles, brunes, ferrugineuses, et de calcaires marneux; il renferme beaucoup de fossiles. La partie inférieure, nommée quelquefois

3·

étage Callovien, renferme les minerais de fer oligistes terreux de la Voulte et de Privas (Ardèche) ; les fers limonites oolithiques des Ardennes, de la Haute-Marne, du Jura, du Berry.

Les fossiles les plus caractéristiques sont, pour la partie inférieure : l'*Ammonites coronatus* (fig. 106), et pour la partie supérieure, l'*Ostrea dilatata* (fig. 107).

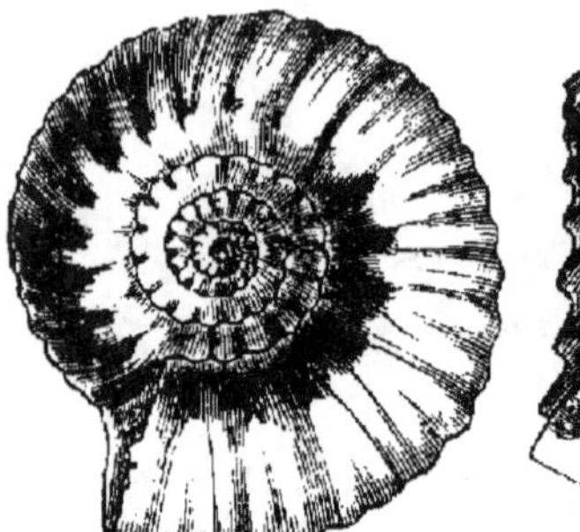
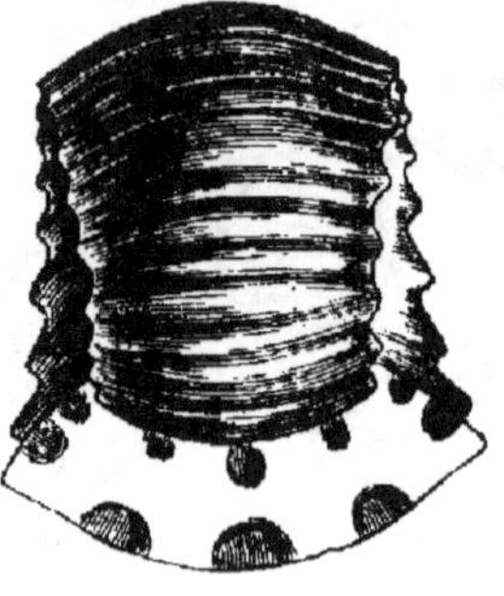

Fig. 106. — Ammonites coronatus.   Fig. 107. — Ostrea dilatata.

189. 4° Étage. Corallien. — Le Corallien, ou coral-rag des Anglais, est un calcaire tendre, crayeux, blanc, rempli de débris de polypiers et d'oursins ; on y trouve aussi beaucoup de nérinées aux formes allongées, et de diceras présentant deux cornes recourbées.

Les principaux fossiles sont : le *Diceras arietina* (fig. 108),

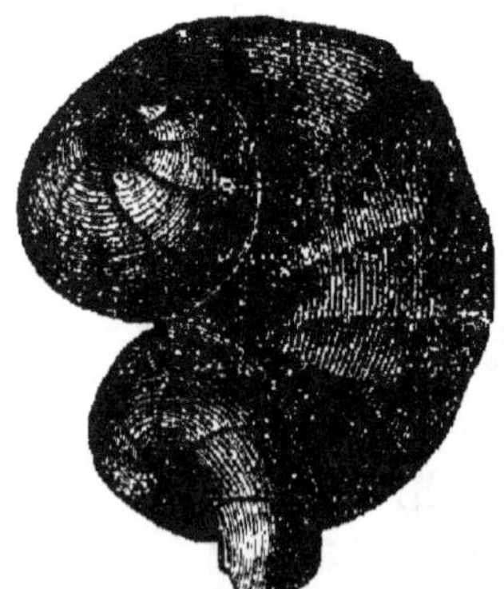

Fig. 108.   Fig. 109.   Fig. 110.
Diceras.   Hemicidaris crenularis.   Thecosmilia annularis.

l'*Hemicidaris crenularis* (fig. 109), et parmi les polypiers, le *Thecosmilia annularis* (fig. 110).

190. 5ᵉ Étage. Kimméridgien. — Cet étage se compose en général de marnes bleuâtres et de calcaires compacts employés comme *pierres lithographiques*. Les meilleures pierres lithographiques ont un grain fin et renferment peu de fossiles; on les retire de Solenhofen (Bavière), de Châteauroux et de Cerin, près de Belley.

Le fossile caractéristique des marnes est l'*Ostrea virgula* (fig. 111). On trouve dans les calcaires de nombreux poissons, des reptiles voisins du Crocodile, des Téléosaures, des Ptérodactyles et l'*Archeopteryx* ou *oiseau de Solenhofen* (fig. 112), moitié oiseau, moitié

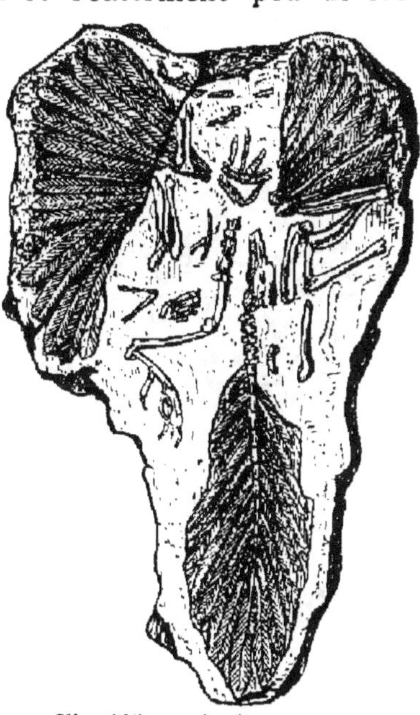

Fig. 111. — Ostrea virgula.

Fig. 112. — Archeopteryx.

reptile, dont la queue, longue de 0^m25, était couverte de plumes.

191. 6ᵉ Étage. Portlandien. — Le Portlandien est formé de calcaires compacts, exploités comme pierre de taille ou ciment

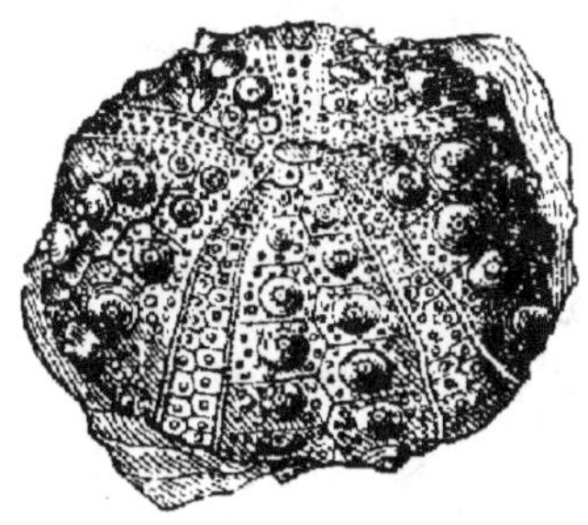

Fig. 113. — Trigonia gibbosa.

Fig. 114. — Hemicidaris purbeckensis.

hydraulique dans la presqu'île de Portland, en Angleterre. On le trouve aussi dans le Boulonnais et dans le Jura surtout, où il forme des couches épaisses alternant avec des dolomies. Parmi les nombreux fossiles qu'il renferme, on cite la *Trigonia gibbosa* (fig. 113).

192. 7° Étage. Purbeckien. — Les étages jurassiques sont ter-

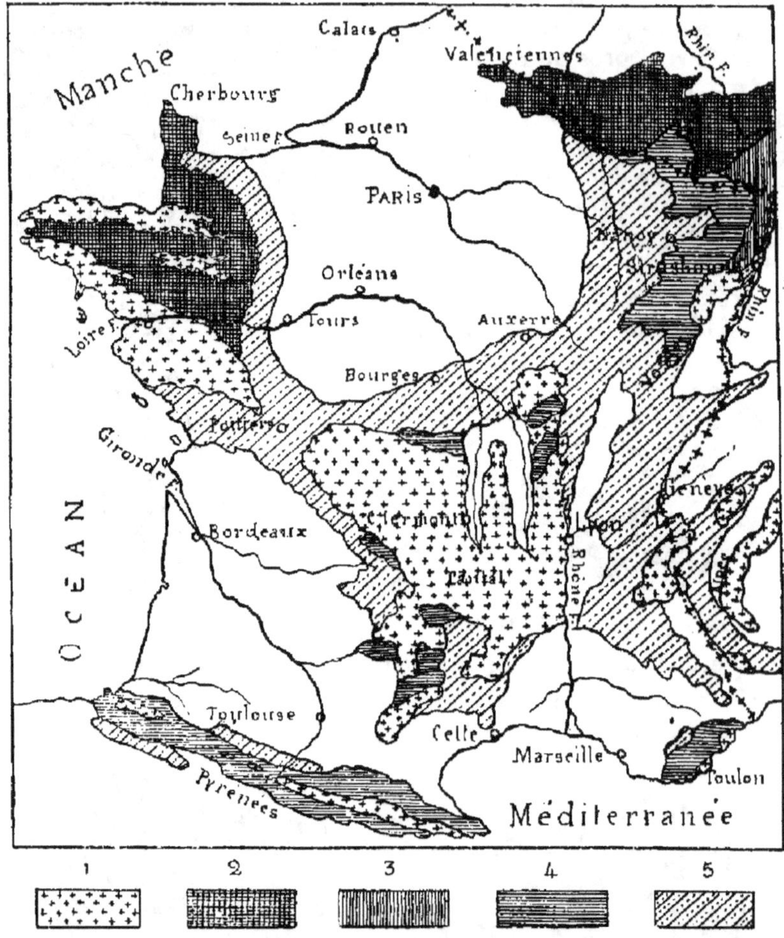

Fig. 115. — Carte géologique de la France à la fin des terrains jurassiques.
1, T. primitif et granitique; 2, T. de transition; 3, T. permien; 4, T. triasique; 5, T. jurassique.

minés en Angleterre, sur la côte du Dorsetshire et dans l'île de Purbeck, par une formation d'eau douce d'environ 125 mètres d'épaisseur. On trouve dans ces assises calcaires une couche de lignite (dirt-bed), renfermant encore en place les racines et les troncs des Cycadées et des Conifères de la forêt dans laquelle vivaient de nombreux reptiles et marsupiaux.

L'*Hemicidaris purbeckensis* (fig. 114), qu'on trouve dans les couches moyennes de cette formation, indique des retours de la mer pendant ce dépôt.

193. Distribution géographique. — Les terrains jurassiques couvrent l'est de la France, de Mézières aux Basses-Alpes, entourent en partie le Plateau central, et remontent de la Rochelle jusqu'en Normandie (fig. 115).

Article 3. — Système Crétacé.

Règne des Dinosauriens et des Rudistes.

194. Division. — Le système *crétacé* tire son nom de la craie qui en forme la partie supérieure. Il se sépare du jurassique par les couches de Purbeck, et des terrains tertiaires par une formation d'eau douce riche en lignites.

On divise le crétacé en deux parties : le *crétacé inférieur* ou *infra-crétacé*, et le *crétacé supérieur*.

195. Roches. — Les roches crétacées sont des calcaires, des marnes, des sables, des argiles, de la craie, des lignites.

196. Fossiles. — Les mammifères ne sont pas connus dans les terrains crétacés. Les oiseaux, qu'on trouve dans les étages supérieurs seulement, sont dits *reptiliens*, parce qu'ils ont des dents et des vertèbres bi-concaves comme les reptiles.

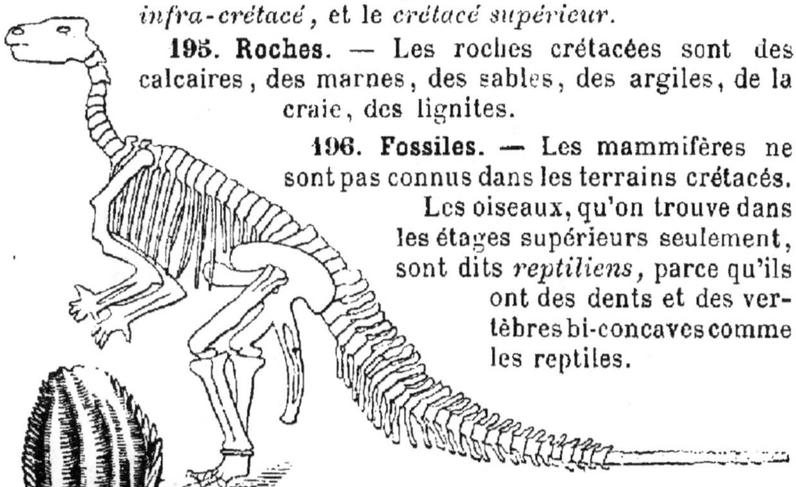

Fig. 116. — Iguanodon.

Fig. 117. — Dent de l'Iguanodon.

Les reptiles régnants sont les *Dinosauriens*, animaux bipèdes ayant à la fois les caractères des mammifères, des oiseaux et des reptiles. Le plus connu est l'*Iguanodon* (fig. 116 et 117), animal de 10 à 12 mètres de long ; sa queue énorme lui servait de point d'appui lorsqu'il se dressait sur ses pieds à trois doigts, comme ceux des oiseaux, pour atteindre les feuilles des arbres dont il se nourrissait.

Mosasaure. — On trouve dans les couches supérieures le

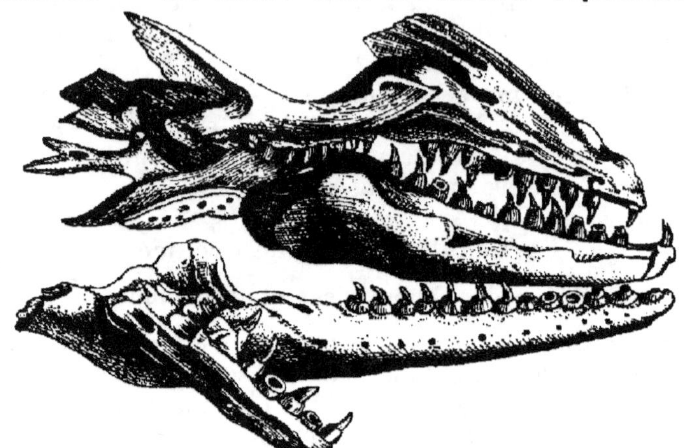

Fig. 118. — Mâchoires du Mosasaure.

Mosasaure (fig. 118), saurien marin de 8 mètres de long, dont la tête est conservée au Muséum de Paris.

Parmi les mollusques céphalo-podes voisins des Ammonites, on trouve abondamment les *Crioceras*

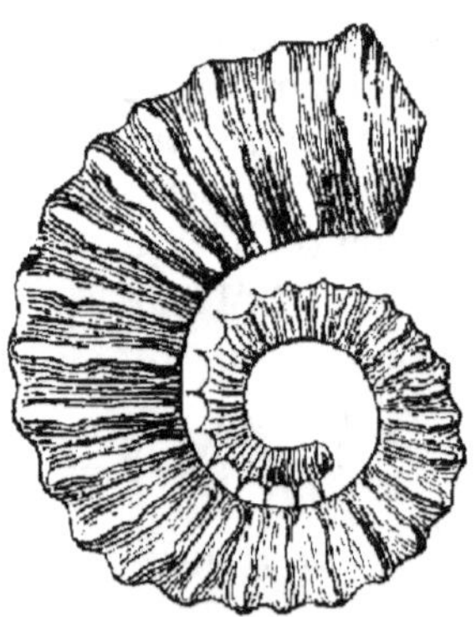

Fig. 119. — Crioceras.

Fig. 120. — Scaphites.

(fig. 119), dont les spires se déroulent; les *Scaphites* (fig. 120) enroulés aux deux extrémités, et les *Ancyloceras*, dont les spires se projettent sous forme de crosse.

Les *Rudistes* (fig. 133), qui abondent dans le crétacé supérieur, sont des mollusques bivalves, vivant en groupes, fixés au sol par leur valve inférieure en forme de cornet ; la valve supérieure, aplatie, jouait le rôle d'opercule. Leurs coquilles épaisses ont créé de puissantes assises calcaires dans le crétacé du midi de la France.

Les *Oursins* fossiles (fig. 121), très nombreux en espèces, remplissent les assises de la craie, et les foraminifères forment des couches puissantes de leurs débris.

La flore infra-crétacée rappelle la flore jurassique par ses Fougères, ses Cycadées et ses Conifères : les Dicotylédones angiospermes à feuillage caduc font leur apparition

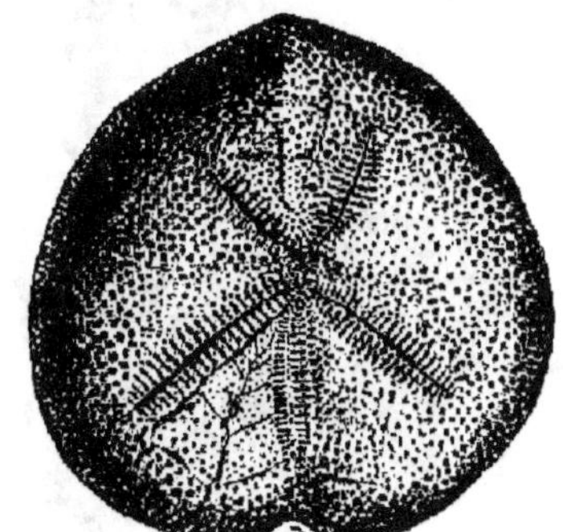

Fig. 121.— Micraster cor anguinum.

dans les couches supérieures : les Érables, les Charmes, les Noyers, croissent parmi les Palmiers.

197. Crétacé inférieur. — Le Crétacé inférieur, ou infra-crétacé, se divise en trois étages :

1º Le *Néocomien* : de Neuchâtel, en Suisse.

2º L'*Aptien* : d'Apt (Vaucluse).

3º L'*Albien* : de l'Aube.

198. 1ᵉʳ Étage. Néocomien. — Cet étage se compose de deux espèces de dépôts :

1º La formation *Wealdienne*, dépôt d'eau douce dans lequel on trouve les *Iguanodons*, des *Tortues*, des *Unios* (fig. 122) ; on le rencontre au sud de l'Angleterre, en Flandre et en Belgique.

2º La formation *néocomienne*, d'origine marine, constituée dans le Jura et dans le midi de la France par des calcaires jaunes ou blancs, fournissant les chaux hydrauliques de Cruas et du Teil.

Fig. 122. — Unio wealdensis.

La partie supérieure de l'étage, que l'on nomme quelquefois étage *Urgonien* parce qu'elle est très développée à Orgon, près d'Arles, est un calcaire blanc, dont le *Chama ammonia* (fig. 123) est le fossile caractéristique : le *Janira atava* (fig. 124) se trouve dans les couches moyennes.

Fig. 123. — Chama ammonia.   Fig. 124. — Janira atava.

199. 2ᵉ Étage. Aptien. — L'Aptien, qui tire son nom de la ville d'Apt, est composé de calcaires feuilletés et d'argiles bleuâtres employées pour la fabrication des tuiles. On y trouve l'*Ostrea aquila* (fig. 125) et le *Plicatula placunea* (fig. 126), qui a fait donner à cette formation le nom d'*argiles à Plicatules*.

Fig. 125. — Ostrea aquila.   Fig. 126. — Plicatula placunea.

200. 3ᵒ Étage. Albien. — Cet étage, qui porte aussi le nom de *gault* et de grès vert, se compose inférieurement d'une couche de sables colorés en vert par la glauconie (hydro-silicate de fer et de potasse) et supérieurement d'une couche d'argile fine, tenace, utilisée pour la poterie et les tuiles.

Les sables compris entre des argiles imperméables du néocomien et ces argiles albiennes servent de réservoir aux puits artésiens de Paris.

Les fossiles abondants de cet étage sont presque tous transformés en phosphate de chaux, et sont exploités comme engrais fossile à Clansaye (Drôme), Bellegarde (Ain), dans la Meuse et les Ardennes.

Les fossiles caractéristiques sont : l'*Ammonites mamillaris* (fig. 127) et la *Turritella catenatus* (fig. 128.)

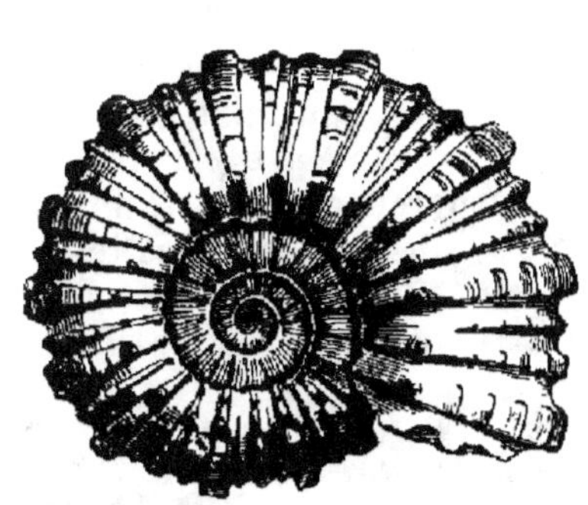

Fig. 127.
Ammonites mamillaris.

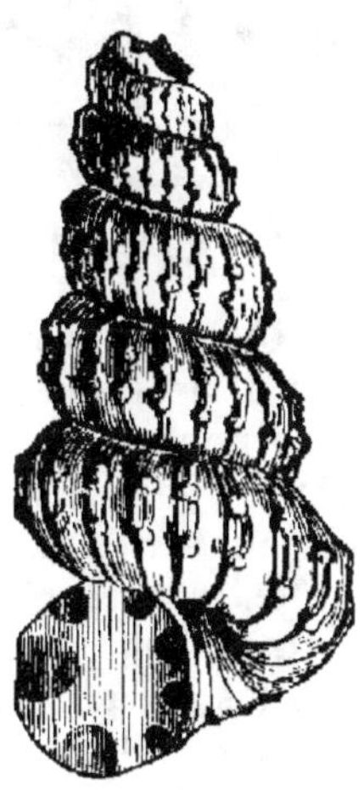

Fig. 128.
Turritella catenatus.

201. Crétacé supérieur. — Le Crétacé supérieur se divise eu quatre étages caractérisés chacun par une craie spéciale.

1° Le *Cénomanien* : de Rouen (*Cenomanum*), ou craie glauconienne.

2° Le *Turonien* : de Tours, ou craie tuffeau.

3° Le *Senonien* : de Sens, ou craie blanche.

4° Le *Danien* : du Danemark, ou craie jaune.

202. 1er Étage. Cénomanien. — La roche particulière de cet étage est une craie dure, grisâtre, parsemée de grains verts de glauconie, ce qui lui fait donner le nom de craie verte ou craie chloritée. Elle abonde au cap de la Hève, près du Havre, et à la montagne de Sainte-Catherine, à Rouen.

Parmi les nombreux fossiles, on cite : l'*Ammonites rothoma-*

gensis (fig. 129), le *Turrilites costatus* (fig. 130), le *Scaphites æqualis.*

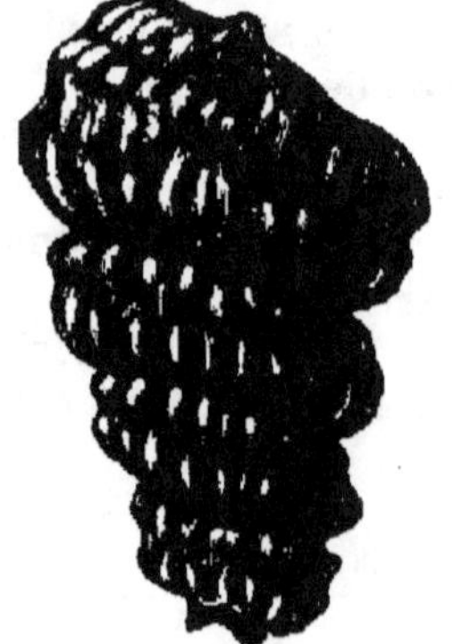

Fig. 129. — Ammonites rothomagensis.   Fig. 130. — Turrilites costatus.

203. 2° Étage. Turonien. — Cet étage, qui tire son nom de Tours, où il est très développé, est caractérisé par une craie tenace, marneuse, non traçante, recherchée pour la fabrication de la chaux hydraulique. On trouve au-dessus de cette assise une craie jaunâtre, sableuse, nommée tuffeau en Touraine.

L'étage est représenté à Uchaux (Vaucluse) par des grès ferrugineux très fossilifères.

Les fossiles caractéristiques sont : l'*Ostrea columba* (fig. 131), l'*Inoceramus labiatus*

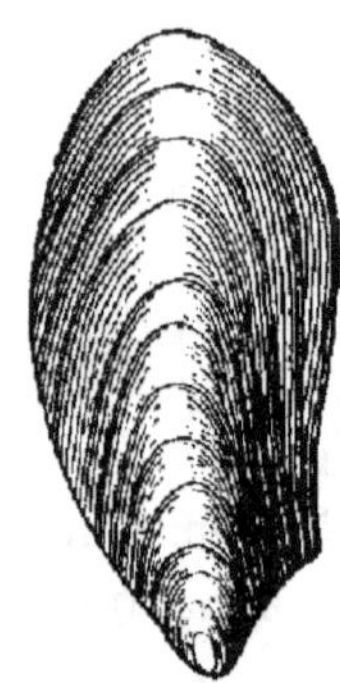

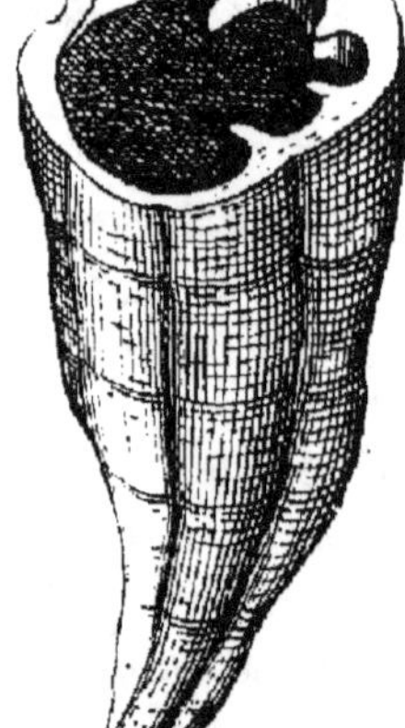

Fig. 131.
Ostrea columba.

Fig. 132.
Inoceramus labiatus.

Fig. 133.
Hippurite du Crétacé.

(fig. 132), les *Hippurites* (fig. 133), les *Radiolites;* ces rudistes abondent dans cet étage et dans le suivant.

204. 3° Étage. Sénonien. — Le sénonien, ou craie blanche, est un calcaire blanc, tendre, traçant, happant à la langue ; elle est composée de parties calcaires amorphes et d'un grand nombre d'enveloppes microscopiques, de foraminifères et de dé-bris de coquilles diverses. On y trouve beaucoup de rognons de silex formant des assises ou des amas isolés, et des boules de sperkise rayonnante ou fer sulfuré blanc, souvent transformé en limonite ou peroxyde de fer hydraté.

La craie est exploitée sous le nom de blanc de Troyes, blanc de Meudon.

La plupart des fossiles sont silicifiés ; presque tous sont des échinides, tels que l'*Ananchytes ovata* (fig.134), le *Galerites albogalerus* (fig. 135).

Les bélemnites ne sont plus représentées que par la *Belemnitis mucronatus* (fig. 136).

Le *Mosasaurus Camperi* a été découvert dans la craie de Maëstricht.

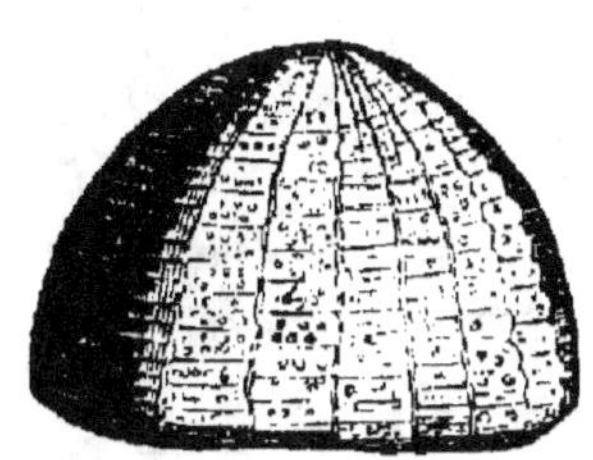

Fig. 134.
Ananchytes ovata.

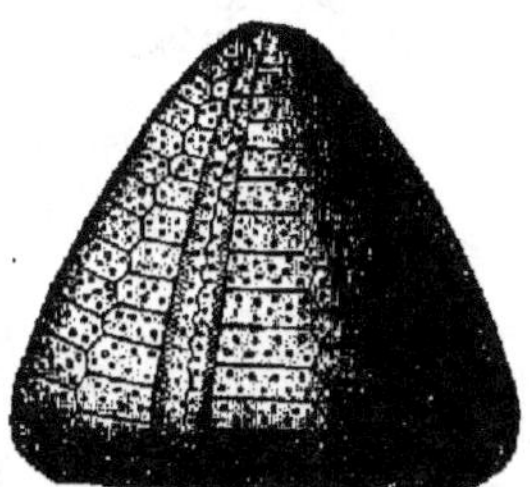

Fig. 135.
Galerites albogalerus.

Fig. 136.
Belemnitis mucronatus.

205. 4ᵉ Étage. Danien. — Cet étage, qui tire son nom du Danemark, est constitué dans ce pays et en Belgique par un calcaire jaunâtre rempli de bryozoaires. Il est représenté au-tour de Paris par un calcaire jaune à grains arrondis nommé calcaire *pisolithique*.

Les étages crétacés sont terminés, dans le midi de la France, par des dépôts d'eau douce, dans lesquels on exploite les lignites, à Fuveau, Beausset, Rognac (Bouches-du-Rhône).

206. Distribution géographique. — Les terrains crétacés for-ment une large ceinture autour du bassin de Paris, de Calais à Troyes, Tours et Rouen ; on les retrouve au nord de Bordeaux et dans les Pyrénées ; ils couvrent une partie du Dauphiné et de la Provence dans le bassin du Rhône. Leurs couches épaisses

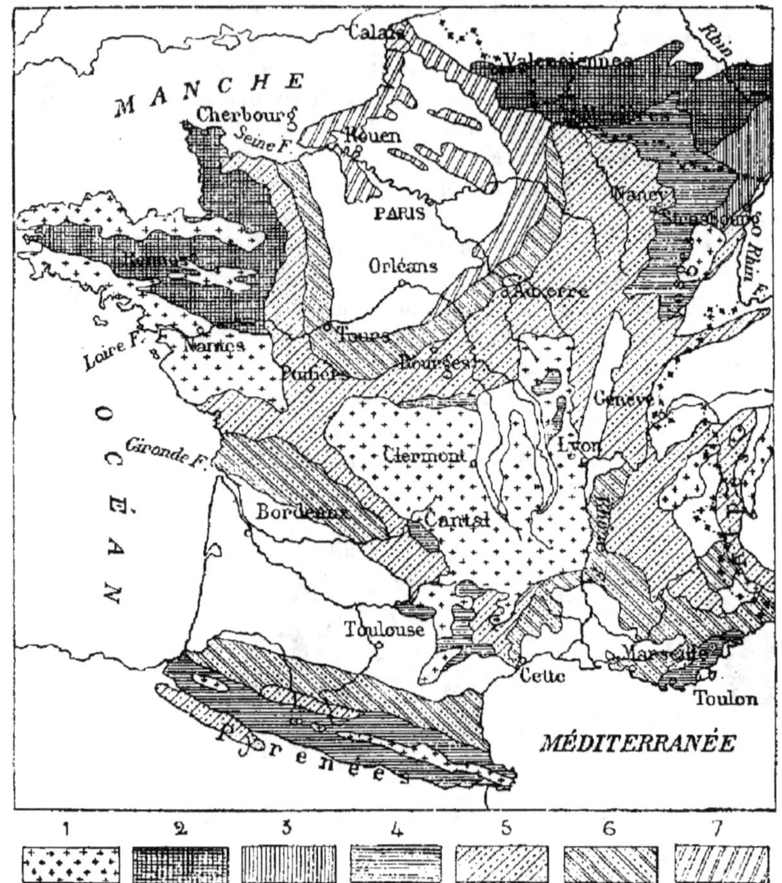

Fig. 137. — Carte géologique de la France à la fin des terrains crétacés.

1, T. primitif et granitique; 2, T. de transition; 3, T. permien; 4, T. triasique;
5, T. jurassique; 6, T. crétacé inférieur; 7, T. crétacé supérieur.

s'appuient presque partout sur le bord des étages jurassiques
(fig. 137).

CHAPITRE XV

TERRAINS TERTIAIRES

Série Néozoïque ou des animaux nouveaux.

207. Caractères généraux. — L'époque tertiaire est caractérisée par la formation des *climats*, qui succèdent à la température uniforme des époques précédentes.

Les continents s'agrandissent par le soulèvement de puissantes chaînes de montagnes, telles que les Pyrénées, les Alpes; cet accroissement changeant les conditions de la vie, on voit apparaître une faune et une flore nouvelles, non plus uniformes comme dans les périodes précédentes, mais variées suivant les latitudes et formant des faunes et des flores locales.

Les dépôts d'eau douce alternent avec les formations marines par suite d'affaissements et d'exhaussements locaux, et les couches ainsi formées sont très variées de nature et d'aspect.

208. Roches. — Les principales roches sédimentaires de ces terrains sont : des sables, des grès, des conglomérats, des marnes, des argiles, des calcaires, des lignites.

Les roches éruptives, abondantes à cette époque, sont : les trachytes, les basaltes; les filons tertiaires sont riches en métaux précieux : l'or et l'argent y dominent.

209. Fossiles. — Les mammifères, à peine représentés à l'époque secondaire, se développent tout à coup et remplacent les grands reptiles; les groupes les plus importants sont les *Pachydermes*, très nombreux en espèces, les *Édentés*, quelques *Ruminants*, des *Rongeurs* et des *Carnassiers*. Des *Oiseaux aquatiques*, des *Salamandres*, des *Crocodiles*, font leur apparition.

Les *Nummulites*, petits foraminifères aplatis, forment des assises puissantes, surtout dans la région méditerranéenne.

Les Mollusques gastéropodes, les Cérithes, les Natices se multiplient rapidement.

Les Ammonites et les Bélemnites disparaissent pour toujours.

La flore rappelle d'abord celle du crétacé supérieur, mais peu à peu les Palmiers, les Lauriers, les Peupliers, les Saules et presque tous les arbres à feuillage caduc succèdent aux flores précédentes.

210. Distribution géographique. — Les terrains tertiaires ont achevé de combler le golfe Parisien, le golfe d'Aquitaine et la vallée du Rhône, en donnant à nos rivages maritimes leur forme actuelle. Le grand lac d'eau douce de l'Auvergne se combla aussi à cette époque, et devint la plaine de la Limagne.

211. Division. — Les terrains tertiaires se divisent en trois systèmes : le *système Éocène*, le *système Miocène* et le *système Pliocène*.

Article 1. — Système Éocène.

(Gr. *Éôs*, aurore ; *kainos*, récent.)

Règne des Nummulites et des Pachydermes.

212. Ce système, dont le nom signifie aurore des espèces actuelles, est le règne des Pachydermes et des Nummulites. Les Pachydermes habitaient le bord des lacs et des marais ; les plus connus sont :

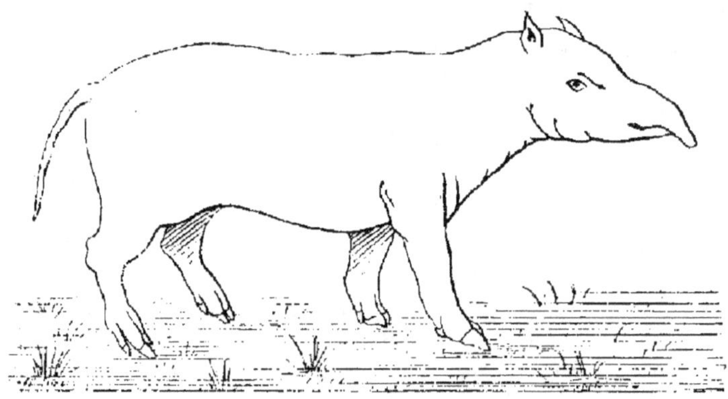

Fig. 138. — Paleotherium.

Le *Paleotherium* (fig. 138), gros herbivore ayant la taille du Cheval, les dents du Rhinocéros et la trompe du Tapir.

L'*Anoplotherium* (fig. 139) était de plus petites dimensions ;

quelques espèces avaient la taille de l'Ane, d'autres celle de la
Gazelle, quelques-unes ne dépassaient pas celle de nos Lièvres;
elles avaient toutes une grosse queue de la longueur du corps,
qui leur servait probablement à nager.

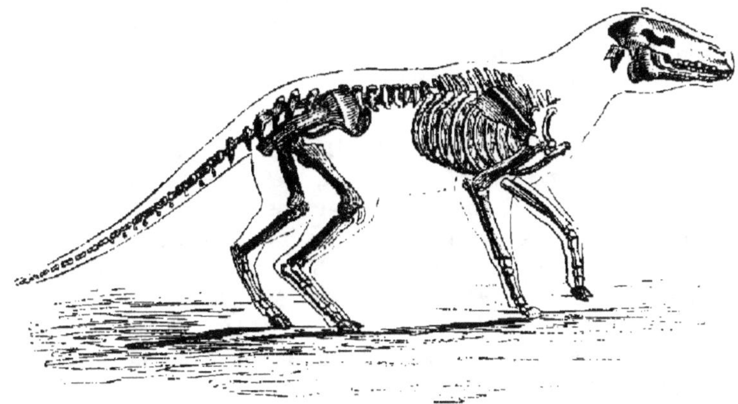

Fig. 139. — Anoplotherium.

Le *Lophiodon*, Tapir voisin de celui de l'Inde.

Le *Xiphodon* (fig. 140) est un ruminant aux formes légères
et élancées, qui vivait avec les animaux précédents sur le bord
des marais.

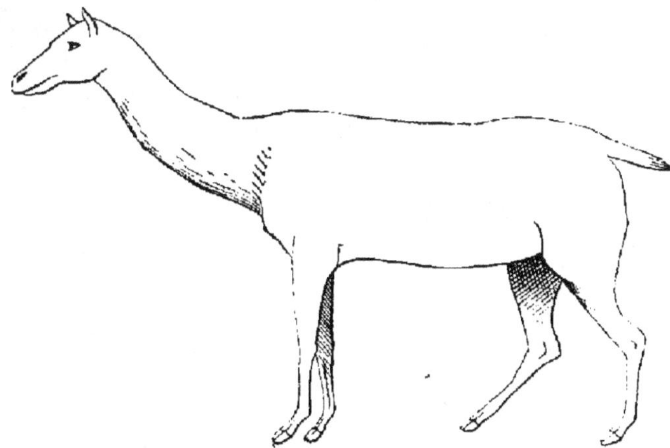

Fig. 140. — Xiphodon.

Le *Gastornis*, oiseau marcheur plus grand que nos Autruches,
se trouve avec de nombreuses tortues dans les couches éocènes.

Les *Nummulites* habitaient les golfes marins et les comblaient de leurs dépôts.

Les *Palmiers*, et d'autres arbres propres aux pays chauds, remplissaient les forêts ; le climat français de cette époque était le climat actuel des régions intertropicales.

L'éocène se divise en deux étages : le *Suessonien* et le *Parisien*, qui tirent leur nom des villes de Soissons et de Paris, où leurs assises sont très développées.

213. 1ᵉʳ Étage. Suessonien. — La composition minéralogique du Suessonien est très variable. Dans le Midi, l'étage se compose d'un calcaire blanc, grisâtre, pétri de nummulites. Aux environs de Paris, il commence par des sables (sables de Rilly et de Bracheux), se continue par des argiles plastiques mêlées de lignites et se termine par les sables de Cuise.

Les sables sont employés dans les verreries ; les argiles plastiques de Montereau servent à la fabrication des poteries ; les lignites, riches en pyrites, sont recherchés pour la préparation de l'alun et du sulfate de fer ou couperose verte.

Ces lignites renferment souvent du *succin*, ou *ambre jaune*, résine fossile des conifères dont les débris ont formé la couche à combustible.

C'est dans cet étage qu'on a trouvé le *Gastornis*, la *Nerita Shmideliana* (fig. 141).

214. 2ᵉ Étage. Parisien. — Les roches de l'étage parisien sont des calcaires grossiers, remplis de cérites et de nummulites, qui, à cause de leur forme aplatie, font nommer

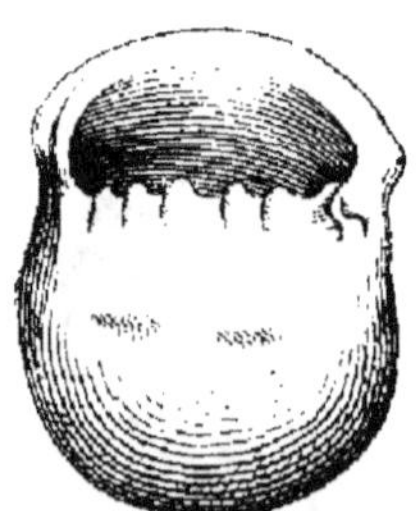

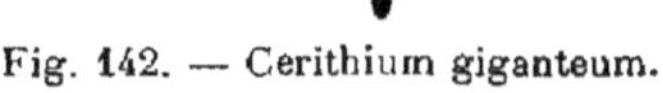

Fig. 141. — Nerita schmideliana.   Fig. 142. — Cerithium giganteum.

ces calcaires *pierre à liards ;* on les exploite comme pierre à bâtir.

Les sables de Beauchamp, les calcaires lacustres de Saint-Ouen, les gypses et les marnes vertes complètent l'étage. Le gypse, souvent cristallisé en fer de lance, est exploité dans les carrières de Montmartre.

On trouve dans ces couches l'*Anoplotherium*, le *Paleotherium*, le *Xiphodon*, caractéristiques de l'époque, ainsi que le *Cerithium giganteum* (142).

L'éocène supérieur est représenté, des Alpes aux Pyrénées, dans les Balkans et l'Asie Mineure, par une puissante formation de calcaire à Nummulites (fig. 143). C'est avec un calcaire de cette nature que sont construites les pyramides d'Égypte.

Fig. 143. — Nummulites.

Les gypses d'Aix, en Provence, abondants en poissons fossiles, sont placés au sommet de l'éocène.

Article 2. — Système Miocène.
(Gr. *meion*, moins; *kainos*, récent.)

Règne des Mastodontes et des Dinotherium.

215. Le nom de *miocène* indique une époque moins riche en animaux récents que le système suivant.

On place le miocène entre le soulèvement des Pyrénées qui termine l'éocéne et le soulèvement des Alpes centrales qui le sépare du pliocène.

Il ne comprend qu'un seul étage : le *Falunien*.

216. Fossiles. — C'est dans le miocène que les mammifères

Fig. 144. — Dinotherium (restauré).

atteignent leur plus grand développement, c'est le règne des pachydermes ordinaires, tels que les Tapirs, les Hippopotames, les Rhinocéros ; des Chevaux à trois doigts comme les Hipparions, les Anchitherium et des grands Proboscidiens, dont les principaux sont le Dinotherium, le plus grand mammifère terrestre connu, et les Mastodontes.

Fig. 145. — Tête de Dinotherium.

Le *Dinotherium* était un pachyderme de 6 mètres de long, dont la mâchoire inférieure recourbée portait deux longues défenses dirigées en bas. Il vivait dans les lacs ou les étangs, et ses puissantes défenses lui servaient à se fixer au rivage ou à creuser la vase pour arracher les racines dont il se nourrissait (fig. 144 et 145).

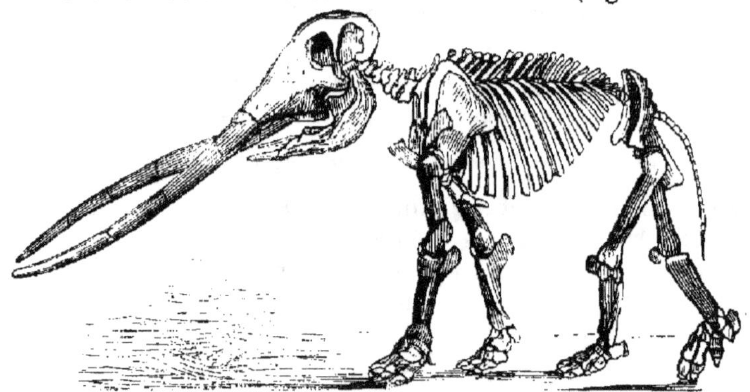

Fig. 146. — Squelette de Mastodonte.

Les *Mastodontes* (fig. 146) avaient le port et les habitudes de nos Éléphants, dont ils se distinguent par des dents couvertes de mamelons, et par deux longues défenses à chaque mâchoire.

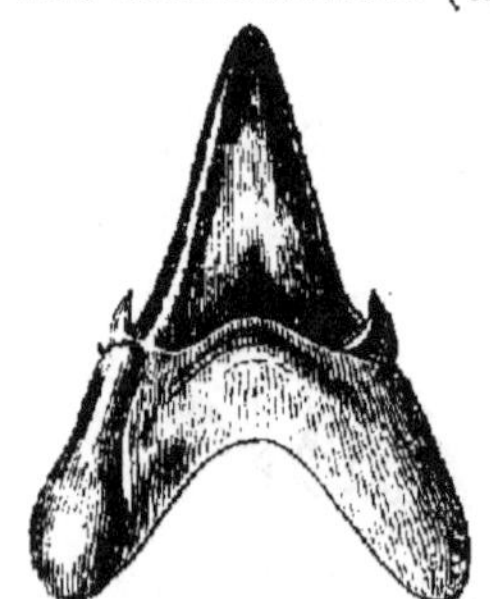

Fig. 147. — Dent de Squale.

Les Squales étaient très nombreux dans les mers miocènes ; on ne retrouve que leurs dents (fig. 147).

La flore montre un mélange d'arbres des régions tropicales et des régions tempérées.

217. Étage Falunien. — Cet étage, qui tire son nom des faluns de la Touraine, est très varié au point de vue minéralogique. Les principales couches sont :

1° Les *sables et les grès de Fontainebleau*, placés entre deux dépôts d'eau douce ; le *calcaire de Brie*, dans lequel se trouvent les silex meulières de la Ferté-sous-Jouarre, et le *calcaire de Beauce*, exploité comme pierre à bâtir.

2° Les *faluns* de la Touraine, de Bordeaux, de Vienne, etc., bancs calcaires très friables, presque entièrement formés de débris de coquilles marines, employées pour l'amendement des terres.

3° Les *mollasses marines*, grès argilo-calcaires, très abondants dans la vallée du Rhône. Les mollasses donnent des pierres faciles à tailler, mais souvent de mauvaise conservation.

4° Les *tripolis*, schistes siliceux composés de carapaces de Diatomées et servant au polissage des métaux.

5° Les *dépôts lacustres* de la Limagne d'Auvergne et du Velay, remplis de mollusques d'eau douce et d'ossements de mammifères ; les calcaires à induses de friganes (fig. 148), petits étuis dans lesquels se cachaient les larves aquatiques des friganes. Les

Fig. 148. — *a*. Tubes de friganes ; *b*, Paludine grossie.

dépôts si riches en fossiles de Sansan (Gers), de Cucuron (Vaucluse), d'Œninghen, près du lac de Constance, de Pikermi (Grèce), appartiennent à cette partie supérieure de l'étage.

6° Les *fers limonites* en grains du Jura, de la Bourgogne et du Berry.

7° Les *phosphorites* du Quercy, exploités comme engrais fossile.

8° Les *lignites* de Soblay (Ain), de Pommiers près Voreppe (Isère), etc.

Article 3. — Système Pliocène.

(Gr. *plcion*, plus ; *kainos*, récent.)

Règne des Éléphants.

218. Le *pliocène* renferme plus d'espèces actuelles que les systèmes précédents. Il comprend les terrains qui se sont déposés depuis le soulèvement des Alpes centrales jusqu'à celui de l'Apennin et l'apparition des grands glaciers.

On le désigne quelquefois sous le nom d'*étage Subapennin*.

219. Fossiles. — Le pliocène est caractérisé par la disparition des Dinotherium et des Hipparions, la diminution des Mastodontes et l'abondance des Éléphants. Les Chevaux apparaissent, les Hippopotames, les Rhinocéros, les Girafes, les Bœufs, vivent en troupes nombreuses.

Fig. 149. — Paludina bressana.

Les mollusques ressemblent presque tous à ceux de nos jours et comprennent des espèces d'eau douce et des espèces marines (fig. 149).

Les grands Palmiers disparaissent de l'Europe centrale, et la flore se compose surtout de Chênes, d'Érables, de Hêtres, de Peupliers, de Mélèzes.

220. Roches. — Les roches pliocènes sont des marnes, des

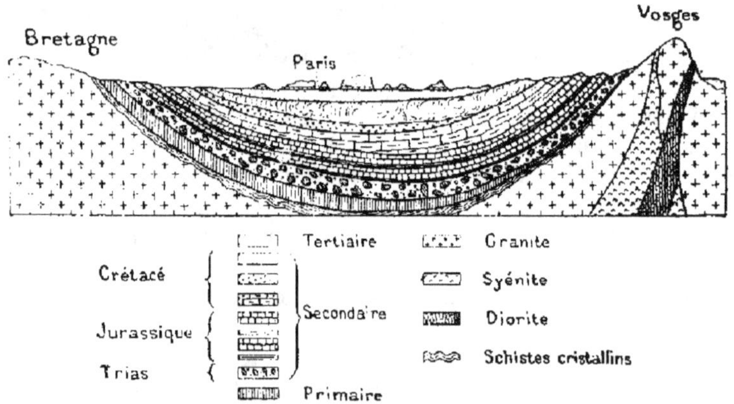

Fig. 150. — Coupe générale du bassin de Paris.

sables, des conglomérats, tantôt marins, tantôt d'eau douce.

Les dépôts marins se trouvent surtout dans les sept collines de Rome et sur les pentes de l'Apennin. Les célèbres mines de sel de Wieliczka, en Pologne, sont de cette époque.

Dans la vallée du Rhône, les dépôts sont surtout lacustres et torrentiels ; ils forment les alluvions anciennes de la Bresse, les tufs de Meximieux (Ain), abondants en espèces végétales, les marnes à lignite de Haute-Rive (Drôme).

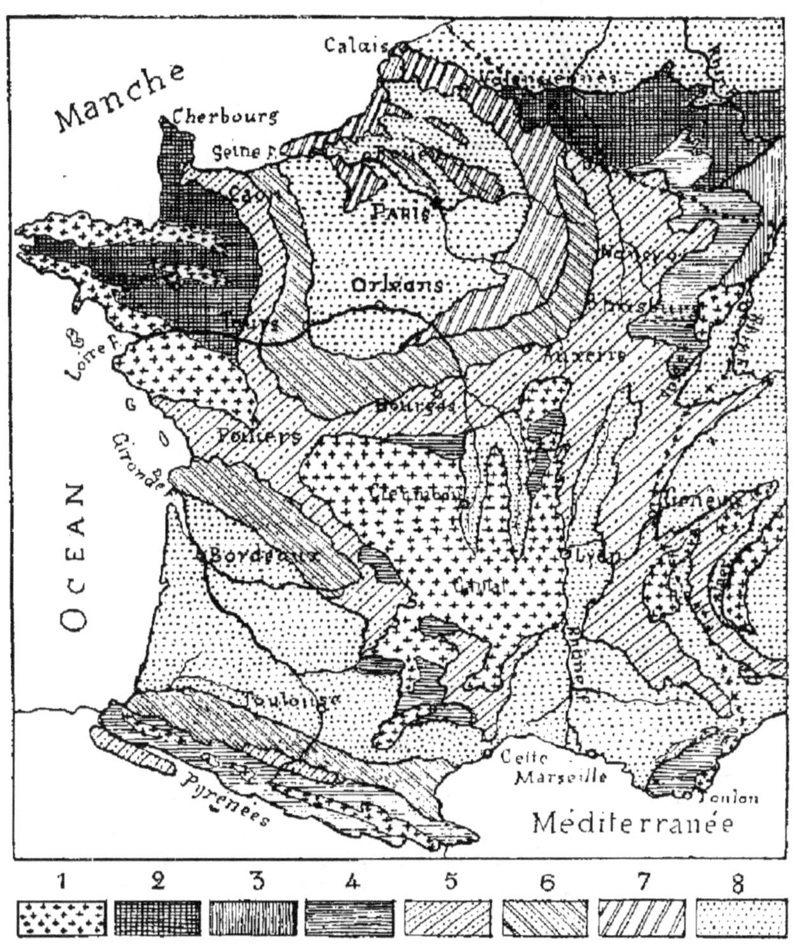

Fig. 151. — France géologique à la fin des terrains tertiaires.

1, T. primitif et granitique ; 2, T. de transition ; 3, T. permien ; 4, T. triasique ; 5, T. jurassique ; 6, T. crétacé inférieur ; 7, T. crétacé supérieur ; 8, T. tertiaires.

L'activité intérieure, endormie pendant les terrains secondaires, s'éveille dans le miocène et dans le pliocène, et les

4*

masses de trachytes, de basaltes, forment des montagnes sur le Plateau central, et recouvrent de puissantes coulées les plateaux et les vallées de l'Auvergne et du Vivarais (fig. 152).

Fig. 152. — Coulée basaltique sur un plateau calcaire.

Les volcans à cratères sont surtout quaternaires et modernes, ils remplissent de leurs laves et de leurs scories les vallées et les plaines voisines.

CHAPITRE XVI

TERRAINS QUATERNAIRES

Série homozoïque ou de l'Homme. — Apparition de l'Homme.

221. Caractères généraux. — Les *terrains quaternaires* sont caractérisés par l'apparition de l'*Homme* sur la terre. Depuis cette création, la surface de nos continents n'a subi aucune modification importante, aucune espèce animale nouvelle n'a paru, mais un certain nombre d'espèces, surtout parmi les grands pachydermes, ont à peu près disparu, ou se sont retirées dans les régions méridionales ou dans le nord.

Des pluies très abondantes, dont la science ne peut pas expliquer l'origine, ont creusé les vallées et produit des alluvions considérables ; ces pluies sont tombées en neige sur les hauteurs, et leurs masses durcies ont fourni des glaciers qui ont recouvert tous les massifs montagneux, et transporté des blocs énormes et de puissantes moraines. La température s'est adoucie peu à peu, et le régime actuel s'est établi.

222. Faune et flore quaternaires. — Les animaux contemporains des premiers hommes étaient nombreux en espèces ; les plus connus sont :

Le *Mammouth* ou *Elephas primigenius* (fig. 153), énorme Éléphant de 5 à 6 mètres de hauteur, recouvert d'une épaisse toison rousse, et dont les défenses recourbées pèsent jusqu'à 200 kilogrammes; ses restes se rencontrent depuis la Méditerranée jusqu'à la mer Glaciale. On a découvert en Sibérie, au

Fig. 153. — Mammouth restauré.

commencement de ce siècle, un de ces animaux dont le corps s'était conservé dans la glace.

Le *Rhinoceros tichorhinus* au nez cloisonné (fig. 154), était, comme le Mammouth, avec lequel on le rencontre, recouvert d'une toison laineuse.

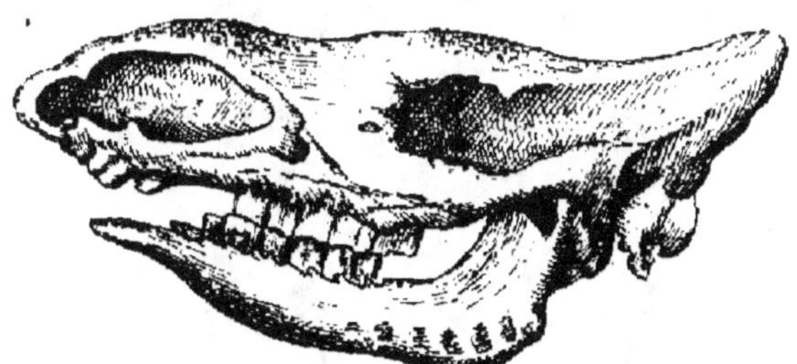

Fig. 154. — Crâne de rhinoceros tichorhinus.

On trouve dans les cavernes des *Hyènes* plus grandes que les espèces actuelles, des *Ours* au front bombé dont la taille égallait celle de nos Taureaux (fig. 155), des *Chats* plus grands et plus forts que le Tigre et le Lion, auxquels ils devaient ressembler par leurs habitudes.

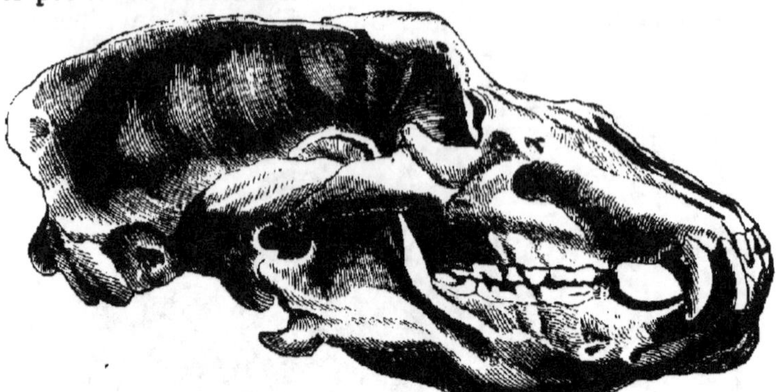

Fig. 155. — Crâne de l'ours des cavernes.

Le *Renne*, qui ne se trouve plus qu'au nord des continents, vivait en troupes nombreuses dans nos pays, où ses ossements sont mêlés à ceux des Éléphants, des Chevaux et des Bœufs.

Fig. 156. — Cerf à grands bois.

Le *Cerf* à grands bois (fig. 156) habitait l'Irlande ; ses ossements sont abondants dans les tourbières anciennes de ce pays.

On a découvert, dans le limon des Pampas de l'Amérique du Sud, le *Megatherium* (fig. 157) de 4 mètres de long sur 3 mètres

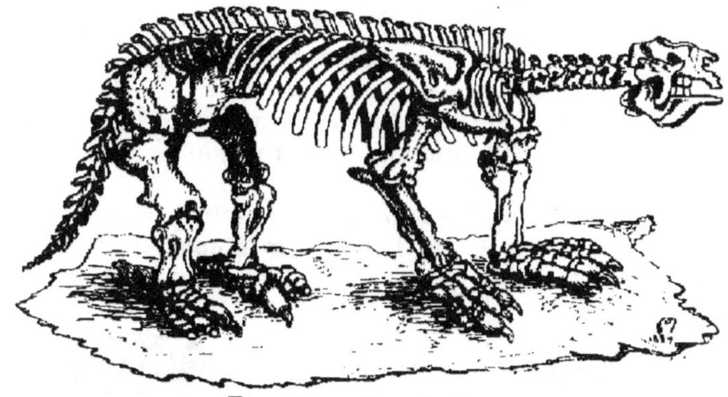

Fig. 157. — Megatherium.

de haut, et le *Mylodon*, énormes édentés herbivores, et le *Glyp-*

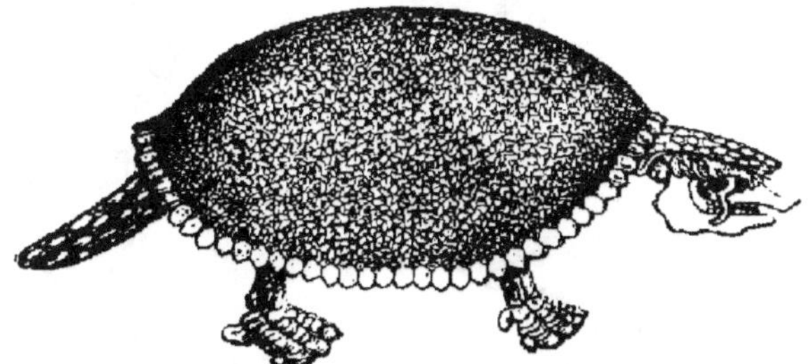

Fig. 158. — Glyptodon.

todon (fig. 157), Tatou géant qui pouvait atteindre plus de 3 mètres de longueur.

La disparition de l'*É-piornis*, grand oiseau de Madagascar, et du *Dinornis*, de la Nouvelle-Zélande, paraît plus récente ; celle du *Dronte* (fig. 159), ou *Dodo*, de l'île Maurice, ne date que du xviie siècle.

La flore quaternaire ressemble presque entièrement à celle de nos jours ; on ne cite guère que la dispari-

Fig. 159. — Dronte, ou Dodo.

tion d'un Peuplier à grandes feuilles et d'un Chêne à gros glands.

223. Création de l'Homme. — C'est dans les couches quaternaires qu'on trouve les premières traces certaines de l'existence de l'homme sur la terre.

Dieu le créa lorsque tout fut préparé pour le recevoir, et lui donna la puissance sur la nature entière. L'homme oublia bientôt l'obéissance qu'il devait à son Créateur; sa chute profonde explique l'état malheureux de ses premiers descendants, et la lutte constante de l'humanité pour reconquérir une partie de son empire.

Les hommes primitifs vécurent de chasse et de pêche, comme les sauvages de nos jours. Leurs armes consistaient en fragments d'os et de silex grossièrement taillés (fig. 160); ils po-

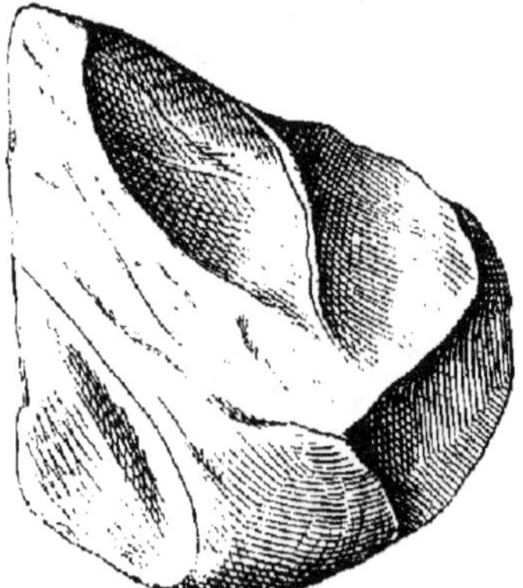

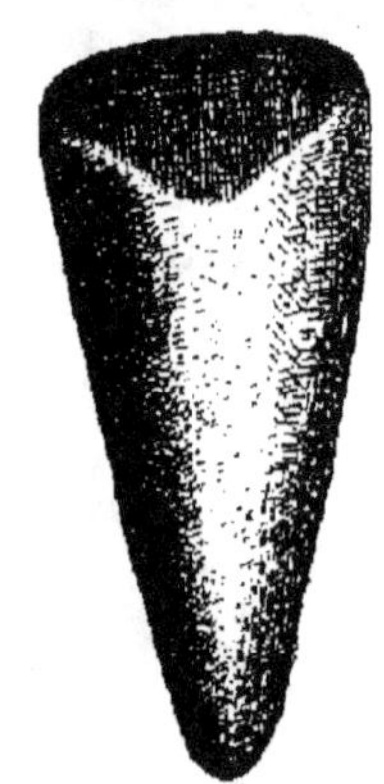

Fig. 160. — Silex taillé.   Fig. 161. — Hache polie.

lirent ensuite leurs haches et leurs lances (fig. 161); découvrirent plus tard le bronze, puis le fer et les autres métaux, qui remplacèrent peu à peu les armes primitives. On a désigné sous les noms d'âges de la *pierre taillée*, de la *pierre polie*, du *bronze* et du *fer*, ces diverses époques, dont rien d'ailleurs ne peut indiquer la durée. Ces époques ont pu exister en même temps dans des pays différents. C'est ainsi que les insulaires de la Nouvelle-Calédonie se servaient encore, il y a trente ans, de haches en pierre polie; ils connaissent aujourd'hui tous les métaux et s'en servent exclusivement.

Les hommes de l'âge de la pierre taillée s'abritaient dans les cavernes qu'ils disputaient aux bêtes féroces; ils construisirent ensuite des maisons en bois, établies sur des pilotis enfoncés dans les lacs peu profonds; c'est ce qu'on appelle les *cités la-*

custres (fig. 162). Les débris recueillis autour de ces pilotis nous montrent que l'homme avait découvert le bronze et le fer, le tissage des étoffes, la fabrication des poteries cuites au feu, et domestiqué un certain nombre d'animaux.

Fig. 162. — Habitation lacustre.

L'étude de ces temps reculés, ou *préhistoriques*, reconstitue peu à peu l'histoire primitive de l'homme. C'est à dater de cette époque que commence la période actuelle ou des *temps historiques*.

224. Dépôts quaternaires. — Les dépôts de cette époque sont variés suivant qu'ils sont dus à l'action des grands courants d'eaux ou à celle des glaciers. Les principaux sont : les *alluvions* ou le *diluvium*, le *lehm* et les *limons*, les *dépôts des cavernes*, les *moraines anciennes* et les *blocs erratiques*.

225. Alluvions ou diluvium. — Les dépôts de ce nom sont formés de graviers, de sables qui remplissent le fond des vallées et recouvrent quelquefois les flancs et les sommets de petites collines ; ils sont riches en coquilles d'eau douce, coquilles terrestres, et surtout en ossements de mammifères appartenant à des espèces disparues. C'est dans ces couches que Boucher de Perthes découvrit les premières traces de l'existence de l'homme, une mâchoire humaine et des silex taillés.

Les fleuves actuels ne sont que de faibles restes des fleuves de cette époque dont la diminution successive est marquée par des terrasses de graviers abandonnées à diverses hauteurs sur les flancs des vallées (fig. 163).

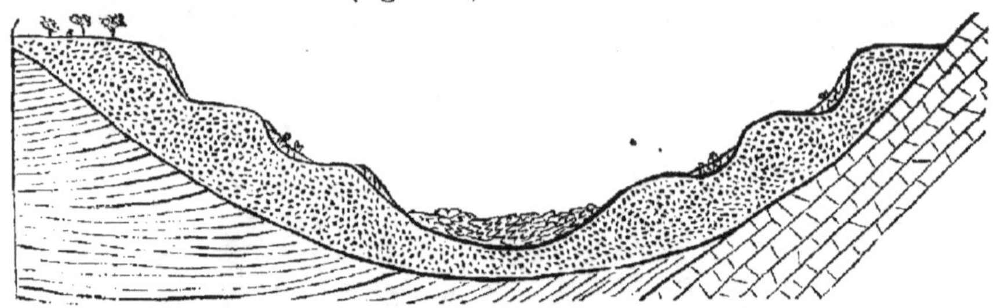

Fig. 163.— Terrasses diluviennes dans le Jura.

226. Limons et lehm. — Le diluvium est souvent recouvert d'un dépôt de limon jaune ou rouge produit par la décomposition des couches superficielles et transporté par les eaux; c'est le *loess* de la Picardie et de la Normandie. Le limon jaune argilo-calcaire, très développé dans le bassin du Rhône, se nomme *lehm* ou *terre à pisé;* il renferme beaucoup de débris de Mammouths. Les dépôts diluviens remplissent les vallées de la Seine, de l'Oise, de la Somme, de la Marne, etc.

C'est après la disparition des grandes eaux que s'établirent peu à peu les tourbières anciennes qui nous ont conservé les restes d'un grand nombre d'animaux.

227. Dépôts des cavernes. — Le sol de la plupart des cavernes

Fig. 164. — Caverne à ossements.

(fig. 164), est formé de plusieurs couches superposées, commençant par une couche plus ou moins épaisse de stalagmites, produites par les infiltrations calcaires de la grotte, et se continuant par des limons, des sables, des graviers, des brèches et une grande quantité d'ossements d'animaux mêlés à des ossements humains, et aux débris de l'industrie primitive de l'homme.

Le remplissage de ces grottes paraît dû à des inondations qui auraient noyé les habitants et roulé des sables ou des limons sur leurs restes.

C'est surtout dans les dépôts des grottes qu'on retrouve les premières traces du travail humain, des silex taillés pour servir de hache, de lance ou de pointes de flèches, des bois de Renne façonnés de diverses manières ; des débris de poteries grossières, des foyers avec les charbons et les os calcinés, etc.

Les cavernes à ossements se trouvent dans tous les terrains, mais surtout dans les terrains calcaires.

228. Moraines anciennes et blocs erratiques. — Les glaciers de la Scandinavie ont couvert la Prusse et la Russie d'une couche de limons argileux, de cailloux anguleux ou roulés, et de blocs erratiques, dont quelques-uns ont plus de 800 mètres cubes et se trouvent à plus de 1 000 kilomètres de leur point de départ. Le glacier du Rhône recouvrait à cette époque une partie de la Suisse, de la Bresse et les plaines du Dauphiné de Lyon à Valence (fig. 165). Les dépôts dans lesquels on trouve les blocs erratiques apportés des Alpes sont connus sous le nom de *boue glaciaire;* ils renferment en abondance, outre les blocs, des cailloux striés semblables à ceux des glaciers actuels. Les moraines de ces anciens glaciers forment des ondulations parallèles très faciles à reconnaître par leur forme et les débris alpins qu'on y trouve.

229. Éruptions volcaniques. — Les éruptions volcaniques, commencées pendant les dépôts miocènes et pliocènes, continuent avec une nouvelle énergie. C'est à cette époque que se sont formés la chaîne des volcans du Puy-de-Dôme, le dépôt des tufs volcaniques des environs du Puy, en Velay ; la Somma, sur laquelle repose le Vésuve actuel, l'Etna, en Sicile, et la plupart des volcans de l'Archipel grec.

230. Étage contemporain. — Tous les dépôts en voie de formation, depuis l'époque diluvienne, appartiennent à l'étage contemporain. Ces couches, que nous avons étudiées dans la description des phénomènes actuels, sont peu importantes, si on les compare aux couches anciennes, mais elles présentent une grande variété de formes et de composition. Le plus utile de ces dépôts est la *terre végétale*, mélange de débris animaux ou

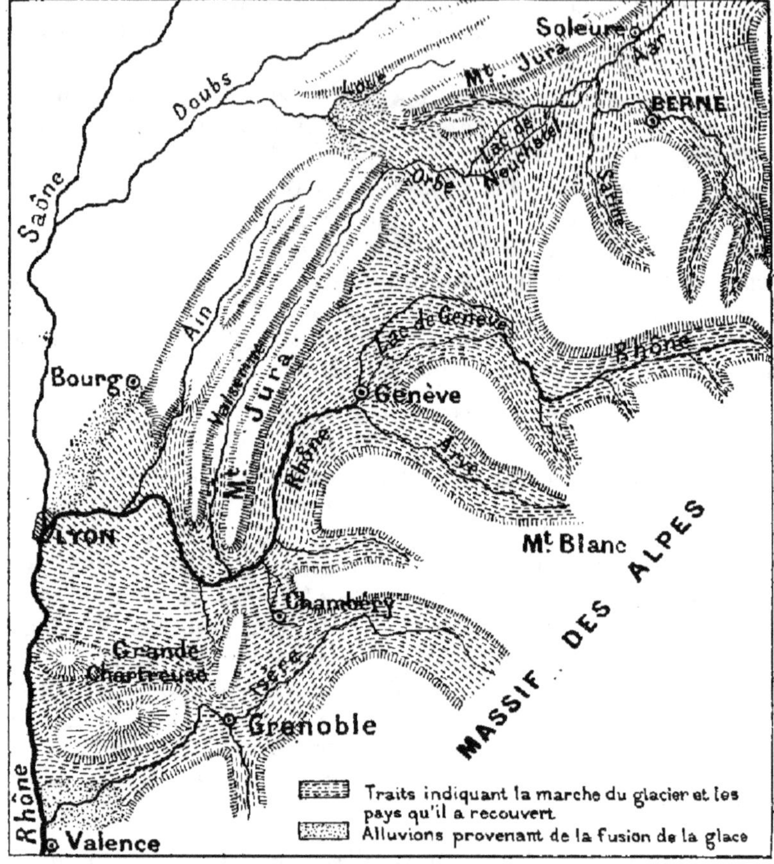

Fig. 165. — Carte de l'ancien glacier du Rhône.

végétaux constituant l'humus, et de parties minérales provenant, soit de la décomposition sur place des roches sous-jacentes, soit du transport par les eaux ou par les éboulis, des débris des roches voisines.

FIN

TABLE DES MATIÈRES

PRÉLIMINAIRES

Iʳᵉ PARTIE

Phénomèmes actuels.

1ʳᵉ Section. — Agents extérieurs.

CHAPITRE Iᵉʳ

AGENTS ATMOSPHÉRIQUES

CHAPITRE II

AGENTS AQUEUX SOLIDES

CHAPITRE III

AGENTS AQUEUX LIQUIDES

2ᵉ Section. — Agents intérieurs.

CHAPITRE IV

CHALEUR CENTRALE

IIᵉ PARTIE

Examen sommaire de l'écorce terrestre.

CHAPITRE V

ROCHES PRIMITIVES

CHAPITRE VI

ROCHES ÉRUPTIVES OU NON STRATIFIÉES

CHAPITRE VII

ROCHES SÉDIMENTAIRES OU STRATIFIÉES

CHAPITRE VIII

FOSSILISATION

CHAPITRE IX

MÉTAMORPHISME

CHAPITRE X

MONTAGNES ET VALLÉES

IIIe PARTIE

Classification et description des terrains.

CHAPITRE XI

TERRAINS PRIMITIFS OU SÉRIE AZOÏQUE

CHAPITRE XII

TERRAINS SÉDIMENTAIRES

CHAPITRE XIII

TERRAINS PRIMAIRES OU SÉRIE PALÉOZOÏQUE

CHAPITRE XIV

TERRAINS SECONDAIRES OU SÉRIE MÉSOZOÏQUE

CHAPITRE XV

TERRAINS TERTIAIRES OU SÉRIE NÉOZOÏQUE

CHAPITRE XVI

TERRAINS QUATERNAIRES OU SÉRIE HOMOZOÏQUE

21324. — Tours, impr. Mame.